雪松　　　　　　　　油松　　　　　　　　桧柏

龙柏

罗汉柏　　　　　　　侧柏　　　　　　　　女贞

悬铃木

黄杨

梧桐

复叶槭

银杏

火炬树

香樟

泡桐

刺槐

国槐

龙爪槐

榆树

白杨   垂柳   水杉

西府海棠   合欢

玉兰   梅花

碧桃 柿

苹果 枣树 石楠

桂花 瑞香

八角金盘 枸骨

栀子花　　　　　　　　　夹竹桃

腊梅　　　　　紫薇　　　　　月季

丁香　　　　　　　　火棘

紫荆　　　　　　　迎春

连翘

紫叶小檗

木槿

凌霄

石榴

紫藤

蔷薇

葡萄

园林苗木繁育丛书

园林绿化树木整形与修剪

YUANLIN LÜHUA SHUMU
ZHENGXING YU XIUJIAN

冯莎莎　主编

化学工业出版社

·北京·

本书本着"图文并茂、形象直观、浅显易懂"的原则，对园林树木整形修剪的基本知识和操作技术进行了详细讲述。共分三部分，第一章详细讲述了园林树木整形修剪的基础知识、时期、原则、工具及使用、基本技术和方法及常见问题，第二章详细讲述了园林树木的整形方式和不同类型园林树木的修剪方法。第三章详细介绍了乔木、灌木及藤本类共54种常见园林树木的整形修剪技术。本书适于园林绿化工及相关管理、技术培训人员参考使用。

图书在版编目（CIP）数据

园林绿化树木整形与修剪/冯莎莎主编. —北京：化学工业出版社，2015.2（2025.1重印）

（园林苗木繁育丛书）

ISBN 978-7-122-22640-2

Ⅰ.①园…　Ⅱ.①冯…　Ⅲ.①园林树木－修剪　Ⅳ.①S680.5

中国版本图书馆 CIP 数据核字（2014）第 301684 号

责任编辑：李　丽　　　　文字编辑：王新辉
责任校对：吴　静　　　　装帧设计：IS溢思视觉设计工作室

出版发行：化学工业出版社
　　　　　（北京市东城区青年湖南街13号　邮政编码100011）
印　　装：大厂回族自治县聚鑫印刷有限责任公司
850mm×1168mm　1/32　印张6½　彩插3　字数140千字
2025年1月北京第1版第11次印刷

购书咨询：010-64518888
售后服务：010-64518899
网　　址：http://www.cip.com.cn
凡购买本书，如有缺损质量问题，本社销售中心负责调换。

定　　价：23.00元

前言

　　随着我国国民经济的快速发展和人民生活水平的日益提高，人们的环保意识日益增强，对生活环境的要求不断提高，正如著名科学家钱学森所说："人类离不开自然，又将返回到自然之中。"近几年来，园林绿化作为城市和农村环境建设的重要组成部分，开始了快速发展，到 2008 年年底，全国城市绿化覆盖率达 37.37%，绿地率 33.29%，人均公共绿地面积为 9.71 米^2。目前全国有 139 个园林城市、7 个园林城区、40 个园林县，为国民提供了一个较为理想的生活、休闲环境。随着绿化建设速度和管养分离、产业化进程的加快，短短几年间，全国已有园林企业 14000 多家，年吸收农民工 150 多万人，年产值超过 1500 亿元。这不仅带动了城镇周边农村农业产业结构调整，优化了城市整体发展环境，还有效转移了农村剩余劳动力，增加了农民收入，促进了农业增效和农民增收。园林绿化工作的主体是园林植物，其中又以园林树木所占比重最大。做好所有绿地树木的养护管理，使其茁壮生长，是发挥绿化效益、提高城市绿化水平、巩固绿化成果的关键。在当前国家高度重视农民就业、培训的形势下，提高了农民的就业能力，拓宽了其再就业渠道。

　　本书本着"图文并茂、形象直观、浅显易懂"的原则，对园林树木整形修剪的基本知识和操作技术进行了详细讲述，为满足有志于园林绿化工作的农民朋友的需要编写而成。本书共分三部分，第一章详细讲述了园林树木整形修剪的基础知识、时期、原则、工具及使用、基本技术和方法及常见问题，第二章详细讲述了园林树木的整形方式和不同类型园林树木的修剪方法，第三章详细介绍了乔木、灌木及藤本类共 54 种常见园林树木的整形修剪技术。

　　本书由冯莎莎主编，郭龙、李秀梅、张向东参编，张小红老师为本书的出版做了很多有益的工作，编者在此表示衷心的感谢。

　　由于时间仓促，编者水平有限，书中难免存在不妥之处，希望各位读者朋友批评指正。

编者

2015 年 1 月

目录

第一章　园林树木整形修剪的基础知识

第二章　园林树木的整形修剪

第三章　常见园林树木整形修剪

第

章

园林树木整形修剪
的基础知识

第一节　园林树木整形修剪的目的和意义

　　园林树木的整形修剪包括整形和修剪两个方面：整形是指根据树木生长发育特性和人们观赏与生产的需要，对树木施行一定的技术措施以培养出所需要的结构和形态的一种技术；修剪是指对树木的某些器官（茎、枝、芽、叶、花、果、根）进行部分疏删和剪截等的操作。整形是通过修剪技术来完成的，修剪又是在整形的基础上实行的。一般树木在幼年期以整形为主，当经过一定阶段冠形骨架基本形成后，则以修剪为主。但任何修剪时期都须有整形概念。两者是统一于一定栽培管理目的要求之下的技术措施。

一、园林树木整形修剪的目的

　　根据园林树木的生长与发育特征、生长环境和栽培目的的不同，对树木进行适当的整形修剪，具有调节植株长势，防止徒长，使营养集中供应给所需要的枝叶或促进开花结果的作用。修剪时还要讲究树体造型，使叶、花、果所组成的树冠相映成趣，并与周围的环境配置的相得益彰，以创造协调美观的景致来满足人们观赏的需要。

二、园林树木整形修剪的意义

1. 能够充分利用空间

　　根据环境条件和树木的特性，合理选择树形和修剪方法，有利于树木与环境的统一，使树木占有最大的空间、产生最大的效应。通过整形修剪还能在一定程度上克服不利环境条件对城市的影响。

2. 提高园林树木移栽成活率

在苗木起运之前或栽植前后，通过适当修剪根系和枝叶，可以调整地下根系吸收与地上枝叶蒸腾的平衡，从而使苗木成活率提高。当年定植的苗木，若在翌年早春遇到气温回升过快时，地上部分生长较快，而地下新根活动缓慢，从而再次导致地上与地下部分生长速度的不均衡。此时修剪掉地上过快长出的枝叶，待新根能正常供应地上部时，苗木的移栽成活率会大大提高。

3. 调控树体结构

整形修剪可促使形成合理的树体主干和主枝，并使其主从关系明确，枝条分布疏密有致，从而使树冠结构能满足特殊的栽培和观赏要求（图1-1）。

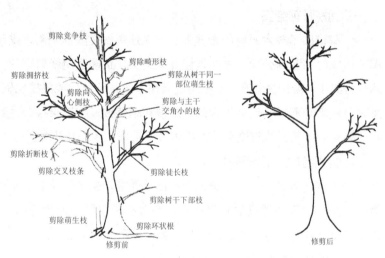

剪除竞争枝
剪除畸形枝
剪除拥挤枝
剪除从树干同一部位萌生枝
剪除向心侧枝
剪除与主干交角小的枝
剪除折断枝
剪除交叉枝条
剪除徒长枝
剪除树干下部枝
剪除萌生枝
剪除环状根
修剪前
修剪后

图1-1　修剪各种不良枝

（1）使树体的主干达到理想高度和粗度　对于有明显主干的树种，欲使其主干达到一定高度和粗度，可在适当高度进行修剪，待剪口下侧芽萌发抽枝后，预留出合适侧枝，之后去除其下多余萌芽

和根部萌蘖，可使树体主干达到理想高度和粗度，为以后的生长发育和优良树形提供基本支承结构。

（2）调节枝干方向，创新艺术造型　通过整形修剪来改变树木的干形、枝形，创造出具有更高艺术观赏效果的树木姿态。如在自然式修剪中，可以创造出古朴苍劲的盆景式树木造型；而在规则式修剪中，又可形成规整严谨的树冠形态。

（3）增加树冠通透性，增强树体的抗逆能力　当树冠过度郁闭时，内膛枝得不到足够的光照，致使枝条下部秃裸，开花部位也随之外移。同时树冠内部相对湿度较大，极易诱发病虫害。通过修剪可增加树冠通透性，使树体通风透光，从而减少病虫害发生的机会，增强树体的抗逆能力。同时，树冠通透还可以提高树体抗风能力。

4. 调控开花结实

修剪打破了树木原有的营养生长与生殖生长之间的平衡，重新调节树体内的营养分配，进而调控开花结实。正确运用修剪可使树体养分集中、新梢生长充实，控制成年树木的花芽分化或果枝比例。及时有效地修剪，既可促进大部分短枝和辅养枝成为花果枝，达到花开满树的效果，也可避免花、果过多而造成的大小年现象。

5. 促进老树的更新复壮

树木进入衰老阶段后，树冠内部出现秃裸，生长势减弱、花果量明显减少，采用适度的修剪措施可刺激枝干皮层内的隐芽萌发，诱发形成健壮新枝，从而达到恢复树势、更新复壮的目的。

6. 控制树体生长姿态，增强景观效果

园林树木以不同形式配置在特定环境中，其与周边空间相互协调，构成各类园林景观。栽培管护中，只有通过不断的适度修剪，才能控制和调整树木结构、形态和尺度，以保持原有的设计效果，并达到与环境的协调一致。例如，在狭小的空间中配置的

树木，要尽量控制其形体尺寸，以达到小中见大的效果；而栽植在空旷地上的庭荫树，则要尽量使其树冠扩大，以形成良好的遮阳效果（图1-2）。

图1-2　增强自然形态特征，刺激开花，达到美化效果

7. 避免安全隐患

通过修剪可及时修剪掉枯枝死干，从而避免枝折树倒造成的伤害。修剪以控制树冠枝条的密度和高度，保持树体与周边高架线路之间的安全距离，避免因枝干伸展而损坏设施。对城市行道树适当修剪还可解除树冠对交通视线可能的阻挡，减少行车安全事故（图1-3）。

图1-3　剪除易脱落引起人身伤害、干扰街道照明及妨碍公用设施的枝条

第二节　园林树木整形修剪的原则

一、遵循树木生长发育习性

园林树木种类繁多，各树种间有着不同的生长发育习性，要求采用相应的整形修剪方式。如榆叶梅、黄刺玫等顶端优势较差，但发枝力强，是易形成丛状树冠的树种，可整成圆球形或半球形树冠；对于国槐、悬铃木等大型乔木树种，则主要采用自然式树冠；对于蔷薇科李属的桃、梅、杏等喜光树种，为避免内膛秃裸、花果外移，需采用自然开心形。此外，还应考虑下述因素。

1. 发枝能力

树木萌芽发枝能力的强弱存在很大差异，整形修剪的强度与频度在很大程度上取决于此。如悬铃木、大叶黄杨、金叶女贞等具有很强萌芽发枝能力的树种，耐重剪，可多次修剪；而梧桐、玉兰等萌芽发枝力较弱的树种，则应少修剪或只做轻度修剪。

2. 分枝特性

分枝特性不同的园林树木特点及修剪特点见表 1-1。

表 1-1　分枝特性不同的园林树木特点及修剪特点

分枝特性	代表树种	特点	修剪特点
主轴分枝	钻天杨、毛白杨、银杏等	树冠呈尖塔形或圆锥形的乔木，顶端生长势强，具有明显的主干	控制侧枝，剪除竞争枝，促进主枝的发育，保留中央领导干
合轴分枝	法国梧桐、泡桐、白蜡、菩提树、桃树、樱花、无花果等	易形成几个势力相当的侧枝，呈现多叉树干	如为培养主干可采用摘除其他侧枝的顶芽来削弱其顶端优势，或将顶枝短截剪口留壮芽，同

续表

分枝特性	代表树种	特点	修剪特点
合轴分枝			时疏去剪口下3~4个侧枝促其加速生长
假二叉分枝	丁香、接骨木、石榴、连翘、金银木等	树干顶梢在生长后期不能形成顶芽，下面的对生侧芽优势均衡影响主干的形成	可采用剥除其中一个芽的方法来培养主干
多歧分枝	夹竹桃、瑞香等	顶芽生长不充实	可采用抹芽法或用短截主枝方法重新培养中心主枝

　　修剪中应充分了解各类分枝的特性，遵循"强枝强剪、弱枝弱剪"的原则，才能平衡各枝间的生长势。

3. 花芽的着生部位、花芽性质和开花习性

　　在对花果类树木整形修剪时，要对以下因素充分考虑。花芽着生部位、花芽性质和开花习性与修剪的关系见表1-2。

　　（1）不同树种的花芽着生部位有异　有的着生于枝条的中下部，有的着生于枝梢顶部。春季开花的树木，如海棠、樱花等，花芽着生在一年生枝的顶端或叶腋，其分化过程通常在上一年的夏、秋季进行，修剪应在秋季落叶后至早春萌芽前进行，以不影响花芽分化为好；夏秋开花的种类，如木槿、紫薇等，花芽在当年抽生的新梢上形成，在一年生枝基部保留3~4个（对）饱满芽短截，剪后可萌发出茁壮的枝条，虽然花枝可能会少些，但由于营养集中，能开出较大的花朵；对玉兰、天目琼花等具顶生花芽的树种，一般不能在休眠期或者花前进行短截，否则开花数量会大大减少。但为了更新枝势时则可适当短截；对榆叶梅、桃花、樱花等具腋生花芽的树种，可视具体情况在花前短截，以调整开花数量和改善观赏效果。

（2）不同树种的花芽性质有所不同 有的树种花芽是纯花芽，有的为混合芽。连翘等具腋生纯花芽的树种，剪口芽不能是花芽，否则花后会留下一段枯枝，影响树体生长；而对于海棠等具有混合花芽的树种，剪口下则可以是花芽。

（3）不同树种的开花习性也有所差异 有的是先花后叶，有的为先叶后花。对于先花后叶的树种，如梅花等，修剪应在花后 1～2 周内进行，但此时花木已开始生长，树液流动较旺盛，修剪量不宜过大。对于先叶后花树种或花叶同放的树种，要在早春修剪，去除枯枝、扰乱树形的枝，以维持良好的枝形，延长花期。

表1-2 花芽着生部位、花芽性质和开花习性与修剪的关系

花芽着生部位	代表树种	修剪时期	修剪部位
二年生枝	连翘、榆叶梅、碧桃、迎春、牡丹等	秋季落叶后至早春萌芽前。冬寒或春旱的地区，修剪应推迟至早春气温回升、芽即将萌动时进行	连翘、榆叶梅、碧桃、迎春等可在开花枝条基部留2～4个饱满芽进行短截。牡丹则仅将残花剪除即可。连翘、桃等具腋生纯花芽的树种，剪口芽不能是花芽
当年生枝	紫薇、木槿、珍珠梅等	休眠期	将二年生枝基部留2～3个饱满芽重剪，花枝少但花朵大；花后将残花及其下的2～3芽剪除，可二次开花

续表

花芽着生部位	代表树种	修剪时期	修剪部位
多年生枝	紫荆、贴梗海棠等	休眠期和生长季	早春剪除枝条先端枯干部分，生长季节对当年生枝条进行摘心，使营养集中于多年生枝干上
开花短枝	西府海棠等	生长季	剪除残花，适当摘心，抑制旺枝生长，疏剪过多的直立枝、徒长枝
当年生枝	月季等	休眠期和生长季	休眠期：对当年生枝条进行短剪或回缩强枝，同时剪除交叉枝、病虫枝、并生枝、弱枝及内膛过密枝 生长季：花后在新梢饱满芽处短剪（通常在花梗下方第2～3芽处）。剪口芽很快萌发抽梢，形成花蕾开花，花谢后再剪，如此重复

4. 树龄及生长发育时期

为使幼树尽快形成良好的树体结构，应对各级骨干枝的延

长枝进行中短截，促进营养生长；为使幼年树提早开花，对于骨干枝以外的其他枝条应以轻短截为主，促进花芽分化。对成年期树木整形修剪的目的在于调节生长与开花结果的矛盾，保持健壮完美的树形，稳定丰花硕果的状态，延缓衰老阶段的到来。衰老期树木生长势衰弱，树冠处于向心生长更新阶段，修剪主要以重短截为主，以激发更新复壮活力，恢复生长势，但修剪强度应控制得当，此时对萌蘖枝、徒长枝的合理有效利用具有重要意义。

二、服从景观配置要求

不同的景观配置要求有对应的整形修剪方式。如国槐树，作行道树栽植一般修剪成杯状，作庭荫树则采用自然式整形（图1-4）。桧柏作孤植树配置应尽量保持自然树冠，作绿篱树栽植则一般进行强度修剪，形成规则式，如图1-5所示。榆叶梅栽植在草坪上宜采用丛生式，配置在路边则宜采用有主干圆头形。

(a) 行道树（杯形）　　　　(b) 庭荫树（自然形）

图1-4　国槐树

（a）绿篱（圆球形）　　　　　　　　　　　（b）孤植树（自然形）

图 1-5　桧柏

三、考虑栽培地的生态环境条件

园林树木的生长发育不可避免地受到外部生态环境的重要影响。在生长发育过程中，树木总是不断地协调自身各部分的生长平衡，以适应外部生态环境的变化。例如，孤植树生长空间较大，光照条件良好，因而树冠丰满、冠高比大；而密林中的树木因侧旁遮阳而发生自然整枝，树冠狭长、冠高比小。因此，整形修剪时要充分考虑到树木的生长空间及光照条件，通过修剪措施来调整树冠大小，以培养出优美的冠形与干体。生长空间充裕时，可适当开张枝干角度，最大限度地扩大树冠；如果生长空间狭小，则适当控制树木体量，以防过分拥挤，有碍生长、观赏。对于生长在风力较大环境中的树木，除采用低干矮冠的整形方式外，还要适当疏剪枝条，使树体形成透风结构，增强其抗风能力。

即使同一树种，因配置区域的立地环境不同，也应采用各异的

整形修剪方式。如在坡形绿地或草坪上种植榆叶梅时，可整为<u>丛生</u>式；在常绿树<u>丛</u>前面和园路两旁配置时，则以主干圆头形为好。桧柏在作草坪孤植树时整为自然式，而在路旁作绿篱时则整为规则式（图1-6）。

图1-6　自然开心形、丛球形、梅桩形（榆叶梅）

四、因枝修剪、随树造型

对于树木整形修剪来说，有什么样式的树木，就应该整成相应样式的造型。对于不同的园林树木，不能用一种整形模式，对于不同类型或不同姿态的枝条更不能强求用一种方法进行修剪，应因树因枝而异。在与环境协调的前提下，根据园林树木的生物学特性，为了最大限度地发挥绿化功能，要不断地调整树木各部分的生长，以防止树体过早衰老。

对于园林树木为使植株生长势均衡，应抑强扶弱。一般采用强主枝强剪，弱主枝弱剪。因为强主枝一般都生长得粗壮，其上着生的新梢多，新梢多则叶面积总量大，制造的光合产物多，因而使该主枝越来越强壮；反之，同树上的弱主枝则因发的新梢少，营养条件差而生长势弱。所以，如果采用修剪使各主枝的生长势近乎均衡，应对强主枝抑制，弱主枝促进，也就是对强大主枝修剪量大些，短截延长枝时留得短些，尽量压低枝势；对弱主枝修剪量要相应小些，在饱满芽处短截延长枝，尽量抬高枝势。

调节侧枝的生长势，应掌握的原则是：强侧枝弱剪，弱侧枝强剪。因为侧枝是开花结果的基础，侧枝如生长势过强或过弱都不易形成花芽。所以，对强侧枝要轻短截，目的是促进侧芽萌发，增加分枝，使生长势缓和，有利于形成花芽；同时花果的生长与发育对强侧枝的生长势也有抑制作用，也就是通常讲的以花果压枝势；对弱侧枝则要中短截，剪至中部饱满芽处，使其萌发抽生较强的枝条，这种枝条形成的花芽少，消耗的营养少，从而可以产生使该侧枝生长势增强的作用，用此方法调整使各侧枝生长势相对均衡是很有效的。

第三节　园林树木的形态特征

园林树木主要包括观花、观果、观叶、观枝或观茎等植物，以及进行生态绿化的所有植物。它们可以绿化、美化和净化人们的生活居住环境，丰富人们的精神生活，维持一定的生态平衡。

一、园林树木的性质和种类

（一）根据树木的生长习性分类

主要依据株高来分类，但标准并不严格（图 1-7）。一般 3 米

以上可称为乔木，但实际中没有明显界限，要从生活经验中体会。

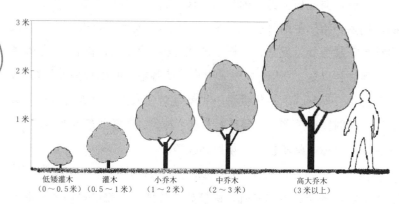

图 1-7　园林树木的种类

（a）丛生性的灌木　　　（b）有很短主干的灌木　　　（c）主干较为明显的大型灌木

图 1-8　灌木的类型

图 1-9　藤本木质植物

（1）乔木　整体高大，主干明显，高达3米以上主干的木本植物称为乔木。它有大乔木（高20米以上）、中乔木（高10～20米）和小乔木（高3～10米）之分。与低矮的灌木相对应，通常见到的高大树木都是乔木，如木棉、松树、玉兰、白桦等。

（2）灌木　整体低矮（3米以下），主干不明显，常在基部发出多个呈直立、拱垂、匍匐等丛生性状枝干的木本植物称为灌木（图1-8），如玫瑰、龙船花、映山红、牡丹等。但是有些树木也不是绝对的，通过一定的整形修剪手段的处理，比如桂花、月季，可能是小乔木，也可能是灌木。

（3）藤本　地上部分虽然很长但是不能直立生长（图1-9），常借助茎蔓、吸盘、吸附根、卷须、钩刺等攀附在其他植物上生长，如葡萄、紫藤、爬山虎等。

（二）根据叶存在期的长短分类（图1-10）

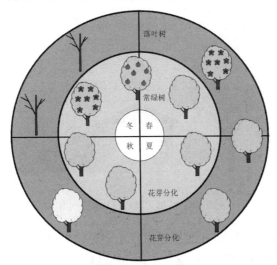

图1-10　常绿树和落叶树的四季变化

（1）常绿树　即四季常年着生绿色枝叶的树木。大多数松柏类树木属于常绿树。常绿树的叶子并非永远不落，只是叶片寿命比落叶树的叶片寿命长一些，如冬青叶可活 1 ~ 3 年，松树叶可活 3 ~ 5 年，罗汉松的叶子可活 2 ~ 8 年。

（2）落叶树　即在秋季落叶过冬，第二年春天生长新叶且旺盛生长的树木。常见的有杨、柳、银杏、梅等。

（三）根据光照因子分类（图1-11）

（1）喜阳树　即喜好在阳光强烈处生长的树种。喜阳树生长环境缺乏阳光，则往往会生长不良或枯死。月季、牡丹、棕榈、苏铁、橡皮树、银杏、紫薇、杨属、松属等属于喜阳树。

（2）喜阴树　即适于在适度遮阳的环境中生长，不能忍受直射光线的树种。云杉、冷杉、海桐、珊瑚树、黄杨等属于喜阴树。

（3）中性树　即在充足阳光下生长良好，但稍受蔽荫时也不致受害的树种。如侧柏、槭类等。

图 1-11　喜阳树（左）和喜阴树（右）

（四）根据树木的植物学特点分类（图1-12）

（1）阔叶树　即叶片扁平宽，叶形随树种不同而有多种形状的多年生木本植物。如杨树、柳树、银杏等。

（2）针叶树　树叶细长如针，多为常绿树。

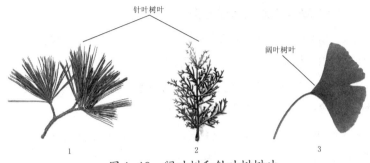

图 1-12 阔叶树和针叶树树叶

1—松针；2—柏叶；3—银杏叶

（五）根据根系在土壤中分布的状况分类（图1-13）

（1）深根性 这类树木根系的主根发达，深入土层，垂直向下生长。如葡萄、银杏、水杉等。

（2）浅根性 树木的主根不发达，侧根或不定根辐射生长，长度超过主根很多，根系大部分分布在土壤表层。如刺槐、臭冷杉等的根系多分布在 20～40 厘米的土壤表层中，这种具有浅根性根系的树种，称为浅根性树种。

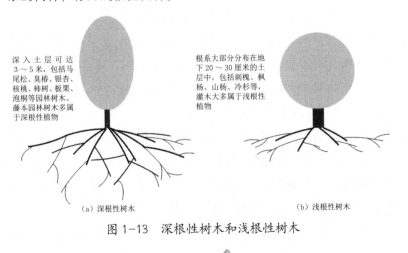

图 1-13 深根性树木和浅根性树木

（六）依树木的观赏特性分类

（1）观形树木　指形体及姿态有较高观赏价值的一类树木，如雪松、龙柏、榕树、假槟榔、龙爪槐等。

（2）观花树木　指花色、花形、花香等有较高观赏价值的树木，如梅花、蜡梅、月季、牡丹、白玉兰等。

（3）观叶树木　树木叶之色彩、形态、大小等有独特之处，可供观赏。如银杏、鸡爪槭、黄栌、七叶树、椰子等。

（4）观果树木　指果实具有较高观赏价值的一类树，或果形奇特，或其色彩艳丽，或果实巨大等。如柚子、秤锤树、复羽叶栾树等。

（5）观枝干树木　这类树木的枝干具有独特的风姿，或具奇特的色彩，或具奇异的附属物等。如白皮松、梧桐、青榨槭、白桦、栓翅卫矛、红瑞木等。

（6）观根树木　这类树木裸露的根具观赏价值。如榕树、蜡梅等。

（七）依据树木在园林绿化中的用途分类

根据树木在园林中的主要用途可分为独赏树、庭荫树、行道树、防护树、花灌类、藤本类、植篱类、地被类、盆栽与造型类、室内装饰类、基础种植类等，这里重点介绍几类。

（1）独赏树　可独立成景供观赏用的树木，主要展现的是树木的个体类，一般要求树体雄伟高大，树形美观，或具独特的风姿，或具特殊的观赏价值，且寿命较长。如雪松、南洋杉、银杏、樱花、凤凰木、白玉兰等均是很好的独赏树。

（2）庭荫树　主要是能形成大片绿荫供人纳凉之用的树木。由于这类树木常用于庭院中，故称庭荫树，一般树木高大、树冠宽阔、枝叶茂盛、无污染物等，选择时应兼顾其他观赏价值。如梧桐、国槐、玉兰、枫杨、柿树等常用作庭荫树。

（3）行道树　是道路绿化栽植树种。一般来说，行道树应具有树形高大、冠幅大、枝叶茂密、枝下高较高，发芽早、落叶迟，生长迅速，寿命长，耐修剪，根系发达、不易倒伏，抗逆性强的特点。在园林实践中，完全符合理想的十全十美的行道树种并不多。我国常见的有悬铃木、樟树、国槐、榕树、重阳木、女贞、毛白杨、银桦、鹅掌楸、椴树等。

（4）防护树　主要指能从空气中吸收有毒气体、阻滞尘埃、防风固沙、保持水土的一类树木。这类树种一般在应用时，多植成片林，以充分发挥其生态效益。

（5）花灌类　一般指观花、观果、观叶及具有其他观赏价值的灌木类的总称，这类树木在园林中应用最广。观花灌木如榆叶梅、蜡梅、绣线菊等，观果类如火棘、金银木、华紫株等，观叶类有石楠、连翘等。

（6）植篱类　植篱类树木在园林中主要用于分隔空间、屏蔽视线、衬托景物等，一般要求树木枝叶密集、生长慢、耐修剪、耐密植、养护简单。常见的有大叶黄杨、雀舌黄杨、法国冬青、侧柏、女贞、九坐香、马甲子、火棘、小蜡树、六月雪等。

（7）地被类　指那些低矮的、铺展力强、常覆盖于地面的一类树木，多以覆盖裸露地表、防止尘土飞扬、防止水土流失、减少地表辐射、增加空气湿度、美化环境为主要目的。那些矮小的、分枝性强的，或偃伏性强的，或是半蔓性的灌木，以及藤本类均可作园林地被用。

（8）盆栽与造型类　主要指盆栽用于观赏及制作成树桩盆景的一类树木。树桩盆景类植物要求生长缓慢、枝叶细小、耐修剪、易造型、耐旱瘠、易成活、寿命长。

（9）室内装饰类　主要指那类耐荫性强、观赏价值高，常盆栽放于室内观赏的一类树木，如散尾葵、朱蕉、鹅掌柴等。木本切花类主要用于室内装饰，故也归于此类，如蜡梅、银芽柳等。

二、园林树木的枝、芽

（一）芽

芽是枝条、叶或花的雏形，可依照芽着生的位置、性质、构造和生理状态等标准进行分类。

1. 按照芽的着生部位不同分类

（1）顶芽　着生在枝条或茎顶端的芽。

（2）腋芽　着生在叶腋的芽。

顶芽和侧芽在一定条件下，生长为枝条或花。一般而言，顶芽明显比侧芽健壮、饱满（图1-14）。

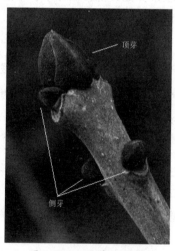

图1-14　顶芽和侧芽

2. 按照芽的性质不同分类

（1）花芽　展开后可形成花的芽。

（2）叶芽　展开后只形成叶和枝条的芽。

（3）混合芽　展出既生枝叶而且又有花的芽。

（4）盲芽 春、秋两季之间顶芽暂时停止生长时所留下的痕迹。

图1-15 花芽（左）、叶芽（中）和混合芽（右）

外观上看，花芽明显比叶芽粗而圆，因此，花芽与叶芽或混合芽很容易区别（图1-15）。

3. 按照芽的萌发情况不同分类

（1）活动芽 指在当年生长季节中可形成新枝、花或花序的芽。植株上多数芽都是活动芽。

（2）潜伏芽 指在生长季节不生长、不发展，保持休眠状态的芽，也叫隐芽或休眠芽。

潜伏芽基本上都是侧芽，潜伏芽可能明年会萌发，也可能几年、十几年或没有机会萌发，比如花桃潜伏芽1年后大部分失去发芽力，而悬铃木、梅、柿等的潜伏芽可生存数十年。在一定条件如植物受到创伤或虫害的刺激下，潜伏芽打破休眠，形成新枝。因此，在整形修剪工作中可利用这个特性，进行园林树木衰老树或衰老骨干枝的回缩更新。

（二）枝

枝由芽萌发形成，着生有芽、叶、花、果等。枝的逐年生长、扩大构成了园林树木的基本骨架：主干、中央领导干、主枝、侧枝等（图1-16）。

一棵正常的园林树木，主要由根、枝干（蔓）、树叶三大部分组成，通常把根叫做"地下部分"，把枝干（蔓）、叶和花、果等叫做"地

上部分"。人们观赏的主要部位就是地上部分。

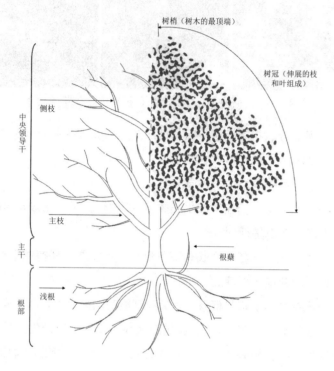

图 1-16　园林树木的组成结构图

（1）主干　园林树木近地面起到第一主枝以下的部分。一般控制在 1 米左右高度。第一主枝以上部分叫做中央领导干。

（2）主枝　着生在主干上的比较粗壮的枝条，它构成了树形的骨架。主干上最靠近地面的为第一主枝，从下往上依次为第二主枝、第三主枝。

（3）侧枝　着生在主枝上的较小枝条。最靠近主枝基部的为第一侧枝，依次而上为第二侧枝、第三侧枝。

（4）新梢　由枝芽萌发长成的带叶枝条。

（5）一年生枝　新梢落叶后到第二年发芽前的枝条（图 1-17）。

（6）二年生枝　一年生枝落叶后到次年发芽前的枝条（图 1-17）。

当前一年冬天枝条顶端的休眠芽恢复生长后，它会在枝条上留下一个"芽鳞痕"（图 1-18）。枝条上芽鳞痕的数目加 1 即为该枝条生长的年龄。

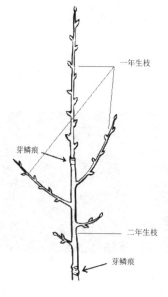

图 1-17　一年生枝、二年生枝和芽鳞痕　　图 1-18　枝条上的芽鳞痕

（7）发育枝　一年生枝条侧芽和顶芽都是枝芽的叫发育枝，也叫营养枝（图 1-19）。发育枝是培养骨干枝和各类枝组的基础。着生在先端的发育枝，可使各级枝继续延长生长，所以叫做延长枝；着生在中、下部的发育枝为侧生枝，可以培养成侧枝和各类枝组。

图 1-19　发育枝

（8）结果枝　指直接着生花或花序并能开花结果的枝（图 1-20）。

（a）苹果　　　　　　　　　　　　　（b）枣

图 1-20　结果枝

（三）枝芽特性

（1）顶端优势　位于枝条顶端的芽或枝条，萌芽力和生长势最强，而向下依次减弱的现象称为顶端优势。顶芽和侧芽之间有着密切的关系，顶芽旺盛生长时，会抑制侧芽生长；如果由于某种原因顶芽停止生长，一些侧芽就会迅速生长（图 1-21）。枝条越直立，顶端优势表现越明显；水平或下垂的枝条，由于极性的变化顶端优势减弱。顶端优势强的园林树木长得高大，顶端优势弱的园林树木长得矮小，乔木顶端优势强，灌木顶端优势弱。

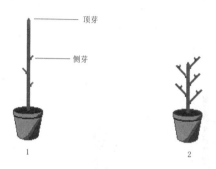

图 1-21　顶端优势

1—由于顶芽的存在，下方的侧芽很难萌发或长势较弱；2—去掉顶芽后，下方的侧芽长势旺盛

　　通过修剪去掉顶端优势也可以抑制植物地上部枝叶的生长，反过来促进地下部根系的生长（图 1-22）。根系会分配给余下的枝芽更多的营养，同时增加更多的枝芽，促使植物更加枝繁叶茂。

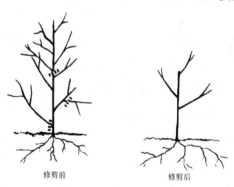

图 1-22　去顶对根系的影响

　　（2）芽的异质性　园林树木同一枝条不同部位着生的芽，由于形成和发育时内在和外界条件不同，使芽的质量也不相同，称为芽的异质性。一般在新梢下部和顶部的芽，由于条件差而相对瘦小，

发枝较弱甚至不萌发，中部的芽健壮、饱满，发出的枝条粗壮、向上性强（图1-23）。芽的异质性和修剪有密切关系，为了扩大树冠或复壮枝组时，需要在枝条的饱满芽处短截，为了控制生长，促生花芽，往往利用弱芽带头。

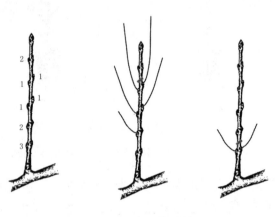

图1-23　芽的异质性

1—饱满芽；2—半饱满芽；3—瘦弱芽

（3）萌芽力和成枝力　一年生枝条上芽的萌发能力，叫做萌芽力。短截一年生枝后，剪口下发出长枝的多少，叫做成枝力。萌芽力和成枝力因树种、品种不同而有差异，也和树龄、栽培条件的变化密切相关。幼树成枝力强，萌芽力弱，随着树龄增长，成枝力逐渐减弱，萌芽力逐渐增强；土壤瘠薄、肥水不足，成枝力较弱，反之，成枝力就强。在整形修剪时，对萌芽力和成枝力强的品种，要适当多疏枝，少短截，防止树冠郁闭，对成枝力弱的品种则应适当短截，以促发分枝，防止光秃。

（4）芽的早熟性　树木的芽形成的当年即能萌发者，称芽的早熟性。具有早熟性芽的树种或品种一般萌发率高，成枝力强，花芽形成快，开花早。

（5）分枝角度　枝条抽生后与其着生枝条间的夹角成为分枝角度。由于树种、品种的不同，分枝角度常有很大差异（图 1-24）。在一年生枝上抽生枝条的部位距顶端越远，则分枝角度越大。一般分枝角度大，有利于树冠扩大；反之则不利于树冠扩大。

图 1-24　分枝角度

1—分枝角度大；2—分枝角度小

第四节　园林树木整形修剪的时期和程序

一、整形修剪时期

园林树木的生长发育随着一年四季的变化而变化，根据整形要求进行修剪时应该掌握正确的时间。从理论上讲，整形修剪一年四季都可进行，只要方法得当就可达到满意的效果。但是在实际中园林树木整形修剪的时期主要分为冬季修剪和夏季修剪 2 个时期（图 1-25）。

图 1-25　冬季修剪（左）和夏季修剪（右）

（一）冬季修剪

冬季修剪在树木落叶后到翌年树液流动前的时期进行，北京地区一般是 11 月到第二年的 1 ~ 2 月。冬季修剪不会损伤园林树木的元气，大多数树木适宜此时修剪。

（1）落叶树　每年深秋落叶到第二年早春萌芽之前是落叶树的休眠期。冬末、早春时，树液开始流动，生育功能即将开始，这时修剪伤口愈合快，比如紫薇、一品红、月季、石榴等均宜在此时进行。

冬季修剪的主要目的是构造合适的树冠、配置合适的枝干、培养花果枝等。不同园林树木的修剪要点为：幼树以整形为主；观叶树木以控制侧枝生长，加强主枝生长为主；观花观果类树木以构造树形，培养花果枝为主。

（2）常绿树　北方常绿针叶树，从秋末新梢停止生长开始到第二年春季休眠芽萌动之前为冬季修剪时期。这时修剪养分流失少，伤口愈合快。热带、亚热带地区早期为休眠期，树木长势较弱，这是修剪大枝和处理病虫枝最理想的时期。

从一般常绿树生长规律来看，4 ~ 10 月为活动期，枝叶俱全，此时宜进行修剪。而 11 月至翌年 3 月为休眠期，由于常绿树的根系和枝叶终年活动，新陈代谢不止，故枝叶内养分不完全用于贮藏，剪去枝叶的同时，也使树体的养分流失，从而影响树体生长，其耐寒性差，有冻害的危险，因此一般常绿树是不进行冬季修剪的，若要进行可在冬季已过的早春，树木即将发芽萌动前进行为好。

（二）夏季修剪

夏季修剪要求修剪程度要轻，要灵活掌握。

对于春季和夏初开花的花灌木类，如丁香、蔷薇、榆叶梅、迎春、连翘、玉兰、贴梗海棠、垂丝海棠、棣棠花、樱花等，应在花后对花枝短截，促进新的花芽分化，为下一年开花做准备。

夏季开花的园林树木如金银花、木槿、珍珠梅、木本绣球、紫薇、迎夏等花木，开花后期应立即修剪，否则当年生侧枝不能形成新的花芽，影响来年的花量。

（三）随时修剪

园林树木应随时修剪内膛枝、直立枝、细枝、病虫枝，控制徒长枝长势，使营养集中供给主要骨干枝使其旺盛生长。

绿篱在生长季节内应经常修剪，保持绿篱平整。同时对于树木的徒长枝、根蘖枝等应随时修剪。

观叶类树木在生长旺季要随时对过长的枝条短截，促生更多的侧枝，防止树冠中空。对于棕榈类树木，应随时剪除下部衰老、枯黄和破碎的叶片。

应该注意，对于具体的园林树木，其生育特性的差异、修剪目的和修剪性质的差别，其具体的修剪时期往往不同，应注意区分。表 1-3 为哈尔滨、北京、广州地区园林树木整形修剪工作月历。

表1-3　哈尔滨、北京、广州地区园林树木整形修剪工作月历

时间	哈尔滨	北京	广州
1月	—	冬季修剪：疏除枯死枝、病虫枝、伤残枝及干扰枝。对有伤流和剪口易受冻抽干的树种推迟到萌芽前进行	疏除枯死枝、病虫枝、伤残枝及干扰枝
2月	冬季修剪	继续修剪，月底结束	继续修剪
3月	继续冬季修剪		疏除树冠过密枝条，对整形式修剪植物开始修剪
4月	—	剪除冬季枯枝，开始绿篱植物的修剪	修剪绿篱、枯残枝和残花，疏除过密枝条
5月	新植树和更新树开始抹芽	修剪残花，新植树剥芽除蘗	修剪绿篱和花后植物
6月	疏除枯死枝、病虫枝、伤残枝及干扰枝	对行道树，重点疏除与架空线有矛盾的枝条	园林树木整形修剪，及时疏剪过密枝条
7月	部分树木造型修剪	修剪树木，稀疏树冠以防风	加强绿篱等植物的整形修剪，剪除易风折的枝条
8月	树木整形修剪，开始绿篱的修剪	加强花木类的整形修剪，对绿篱植物造型修剪	花后植物修剪，对受台风影响的树木修剪扶正
9月	树木修剪，疏除枯死枝、病虫枝	迎国庆，全面整形修剪	整形修剪，维护树木树形
10月	—	—	—
11月	—	—	冬季修剪
12月	—	冬季修剪	冬季修剪

二、园林树木整形修剪的程序

园林树木整形修剪的程序指一株植物从开始修剪到结束修剪的整个过程。根据大量生产实践的总结，整形修剪程序有调查分析、制订方案、规范程序、清理现场、保护植物。

（1）调查分析 作业前应认真观察植物配置的环境，分析其在环境中的功能，据此确定植物的修剪形态，进而对计划修剪植物当前的结构、生长势、主侧枝生长状况、平衡关系以及植物习性、修剪反应等进行详尽观察和分析。

（2）制订方案 根据修剪目的及要求，以及上述调查和分析结果制订出具体的整形修剪方案。尤其是对重要景观中的树木、古树名木或珍贵树木，修剪前需慎重咨询专家意见，或在专家直接指导下进行。

（3）规范程序 首先修剪人员作业前必须接受严格的岗前培训，使其掌握园林植物整形修剪的基本知识、操作规程、技术规范、安全规程及特殊要求等，考察合格后方能独立工作。

具体操作时要根据既定的修剪方案，按先下后上、先内后外、由粗到细的顺序进行。先从调整植物整体结构入手，去除对植物影响较大的枝条；之后疏剪枯枝、密生枝、重叠枝；再按大、中、小枝的次序，进行回缩修剪；最后，根据整形需要，对一年生枝进行短截修剪。修剪完成后检查是否有漏剪、错剪，并及时更正。

（4）清理现场 为保证环境整洁和人员安全，要及时清理运走修剪下来的枝条，现在经常利用削片机在作业现场就地把树枝粉碎成木片，可节约运输量并可再利用。

（5）保护植物 检查加工，保护植物不受修剪过程的损坏（树皮不撕裂，伤口要小，及时抹防腐剂）。

第五节　园林树木整形修剪的方法和注意事项

一、整形修剪的基本方法

整形修剪是园林树木养护中最重要的一项管理措施，涉及一定的艺术性和科学性，艺术性是指适当的修剪技术，科学性是指如何修剪及何时修剪最好。

整形修剪的原因很多，有时你要引导或培养植株在特定的范围内生长或形成一个特定的形状，比如树篱。或者你想通过修剪来控制成年树木的高矮和形状，比如修剪果树使其高度适于采摘果实或者通过修剪使树篱形成一个特定的形状。对于结果园林植物而言，修剪对提高果实总体品质起着重要的作用，因为通过修剪可以改善其光照情况（图1-26）。

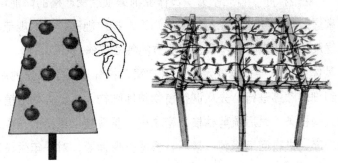

图1-26　整形修剪

园林植物整形修剪的首要目标是维持或创造一个使人赏心悦目的树形结构，因此修剪时首先要确定哪些是应该修剪的枝条（图1-27）。

（1）枯死枝和患病枝　一般开始修剪时，首先要去寻找干枯死亡的或者患病的枝条（图1-28）。通常情况下它们不会有树叶或结果实，或畸形或树皮的颜色不正常；有时候那些有病害的或垂死的枝条不容易辨别出来，那么可以等到树木开花的时候，这些枝条上没有生长任何东西，比较容易辨别。

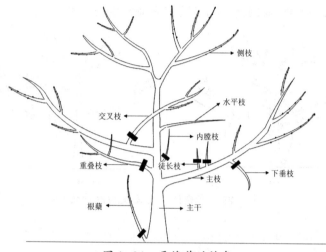

图 1-27　需修剪的枝条

注意：应尽量靠近枝干基部修剪掉这些枝条。

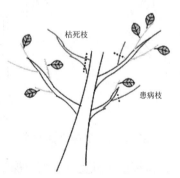

图 1-28　枯死枝和患病枝

（2）重叠枝、交叉枝和内膛枝　是指那些会造成相互之间生长空间拥挤的枝条。如果一个枝条从距离和角度上判断会伸入其他枝条的生长空间，造成局部空间枝条密集时，通常把较为弱小的枝条切除掉，使另一个强壮的枝条拥有需要的生长空间（图1-29）。

有时一棵树一侧的几个枝条过重会造成树干倾斜，这时可以适当剪除一些重的枝条使其不至于畸形倾斜生长（图1-30）。

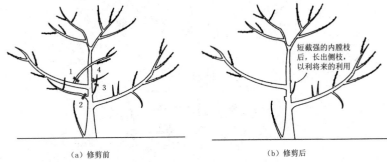

（a）修剪前　　　　　　　　　　　　　　（b）修剪后

图1-29　重叠枝、交叉枝和内膛枝

1—疏除交叉枝；2—疏除平行枝（弱枝）；3—短截内膛枝（强枝）；4—疏除内膛枝（弱枝）

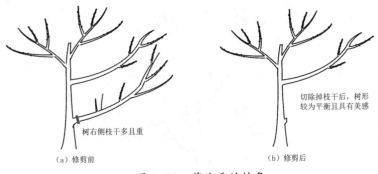

（a）修剪前　　　　　　　　　　　　　　（b）修剪后

图1-30　剪除重的枝条

（3）徒长枝　这些枝条多近直立生长，视觉上不美观。其生长能力强，如放任不管，会消耗掉大量养分，造成其他枝条发育不良。

徒长枝一般在夏季剪除。夏剪不好时往往会萌发出大量的徒长枝，还需要冬剪时对徒长枝进行处理。如果没有徒长枝未来的发展空间，一般完全剪除（图1-31）；如果徒长枝生长部位空虚，则可留 20 ～ 30 厘米的长度短截，待侧枝萌发后，选留方向合适的枝条（图 1-32）。

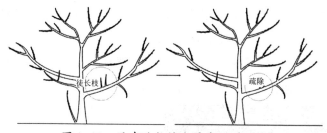

图 1-31 没有徒长枝发展空间（疏除）

图 1-32 有徒长枝发展空间（短截）

（4）下垂枝 其与正常枝生长方向相反，向下方伸长，影响树形的美观和整齐。在修剪下垂枝时，注意分清楚内芽和外芽，如果在靠近内芽一侧修剪，整理不成圆形，树形会很难看；在靠近外芽一侧修剪，则有利于修剪成伞形，比较美观（图 1-33）。

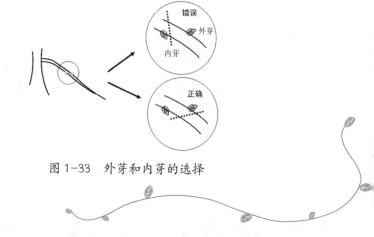

图 1-33 外芽和内芽的选择

（5）根蘖 指由树干基部的根蘖芽萌生出的小枝条。正常情况下，树木不会生长根蘖，但是如果由于病虫害或者土质的原因，会造成树势变弱，从而长出根蘖。如果不考虑进行丛生形造型时，一般要剪除掉，否则会影响上部枝条的生长。

修剪根蘖时，最好选择冬季进行，要刨开土层，从基部剪除，否则第二年还会再长出来（图1-34）。

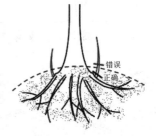

图1-34 根蘖及其修剪

（6）干扰枝 指易于对其他事物如建筑、其他植物或汽车和人活动产生干扰的枝条，必须剪除（图1-35）。

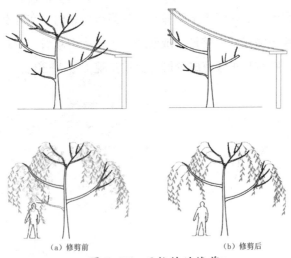

（a）修剪前 （b）修剪后

图1-35 干扰枝的修剪

（7）竞争枝 由剪口以下第二、第三芽萌发生长直立旺盛，与延长枝竞争生长的枝条叫竞争枝（图 1-36）。对于这种枝条应结合实际情况，进行短截，以培养结果枝组，也可以从基部剪除或拉平作为辅养枝或者换头。

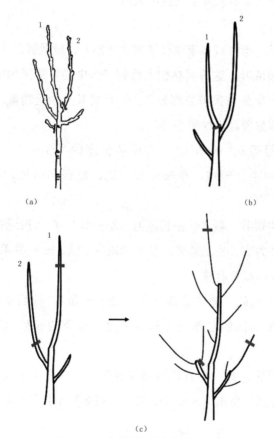

图 1-36 竞争枝的修剪处理方法

1—骨干枝延长枝；2—竞争枝

注：（a）竞争枝生长弱于骨干延长枝，可采取从基部疏除竞争枝的方法控制其生长；（b）骨干延长枝生长弱于竞争枝时，可疏除骨干延长枝，用竞争枝作为新的骨干延长枝，这叫做"换头"；（c）竞争枝与骨干延长枝生长势相近时，可对竞争枝重短截，短截后对其发出的枝条去强留弱，过 1～2 年后即可完全疏除

二、修剪的基本手法

（一）主要修剪手法

修剪的基本手法有"截、疏、伤、变、放"五种，在实践中应该根据修剪对象的实际情况灵活运用。

1. 截

截是把一年生或多年生枝条剪去一部分，刺激剪口下方的侧芽萌发，成枝成叶。这是园林树木修剪工作中最为常用的修剪措施。一般根据一年生枝条剪去部分多少，可将其分为轻短截、中短截、重短截、极重短截（如图1-37）。

（1）轻短截　一般是截去枝条长度的1/5～1/4。截后易形成较多的中、短枝，单枝生长较弱，能缓和树势，利于花芽分化。

（2）中短截　截去枝条长度的1/3～1/2。截后形成较多的中、长枝，成枝力高，生长势强，枝条加粗生长快，一般多用于各级骨干枝的延长枝或复壮枝。

（3）重短截　截去枝条长度的2/3～3/4。剪后萌发的侧枝少，由于植物体的营养供应较为充足，枝条的长势较旺，易形成花芽。

（4）极重短截　在春梢基部仅保留1～2个不饱满的芽，其余剪去，此后萌发出1～2个弱枝，一般多用于处理竞争枝或降低枝位。

重短截的程度越大，对剪口芽的刺激越大，由其萌发出来的枝条也越壮。轻短截对剪口芽的刺激越小，由它萌发出来的枝条就越弱。因此，对强枝要轻剪，对弱枝要重剪，调整一二年生枝条的生长势。

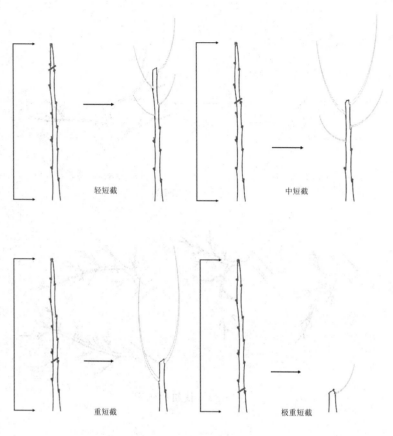

图 1-37 短截及其作用

（5）回缩 又称缩剪，即将多年生枝的一部分剪掉（图 1-38）。
修剪量大，刺激较重，有更新复壮作用，多用于枝组或骨干枝更新，
控制树冠、辅养枝等，对大枝也可以分两年进行。如缩剪时剪口留
强枝、直立枝，伤口较小，缩剪适度，可促进其生长，反之则抑制
生长。前者多用于更新复壮（图 1-39），后者多用于控制树冠或铺
养枝（图 1-40）。

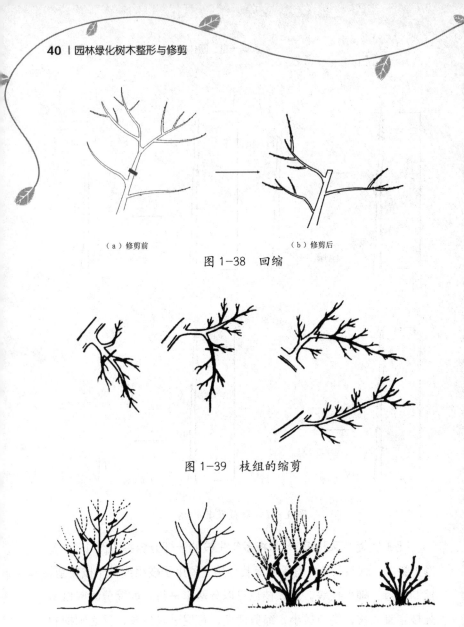

（a）修剪前　　　　　　　　　　（b）修剪后

图 1-38　回缩

图 1-39　枝组的缩剪

图 1-40　缩剪控制树冠

　　"截"手法通常运用于以下几种情况：造型及保持冠形（图 1-41、图 1-42）；使观花、观果园林树木多发枝以增加花果量（图 1-43）；

调整枝条的密度比例, 改变枝条生长方向及夹角 (图 1-44); 更新复壮 (图 1-45)。

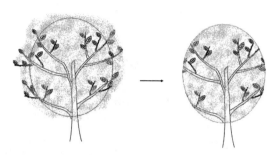

图 1-41 采取"截"的手法保持优美树形

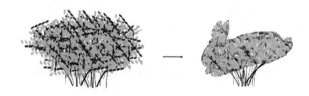

图 1-42 采取"截"的手法进行灌木造型

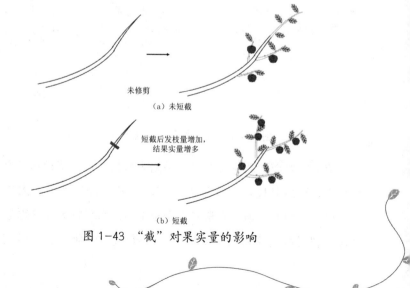

未修剪

(a) 未短截

短截后发枝量增加,
结果实量增多

(b) 短截

图 1-43 "截"对果实量的影响

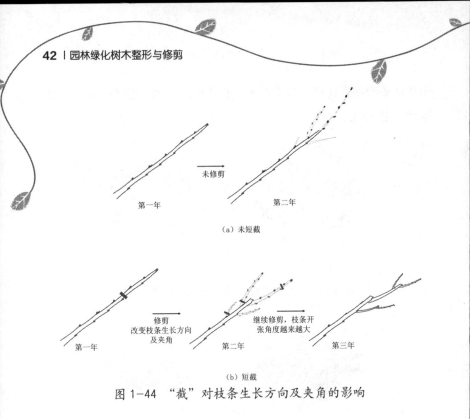

未修剪

第一年 　　　　　第二年

（a）未短截

修剪
改变枝条生长方向
及夹角

继续修剪，枝条开
张角度越来越大

第一年 　　　　　第二年 　　　　　第三年

（b）短截

图 1-44 　"截"对枝条生长方向及夹角的影响

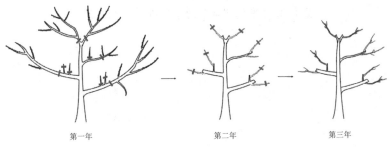

第一年 　　　　　第二年 　　　　　第三年

图 1-45 　用"截"更新复壮步骤示意

老弱树木以更新复壮为主，采用重截的方法，使营养集中于少数腋芽，萌发壮枝。一般有"大更新""小更新"之分。大更新多用于极度衰弱的老树，通常在骨干枝中下部有良好分枝处锯除上部大枝，利用萌发的新梢，重新形成树冠（图 1-46、图 1-47）。这种更新方法，修剪量大，树势恢复慢。因此，一般不要等到树势极度衰弱时再更新，应在发现树势衰弱时，及时采用小更新。小更新是在骨干枝中上部有分枝处，进行较重回缩，使重新形成树冠，恢复长势。这种更新办法，修剪量小，树冠恢复快。小更新时，可先培养好更新枝，当更新枝的长势强于原枝头时，再改用新枝头。

图1-46 树木大更新

图1-47 灌木大更新

2. 疏

疏又称疏剪或疏删，是从枝条基部剪去（图1-48），包括二年生枝和多年生枝。一般用于疏除病虫枯枝、徒长枝、过密枝等，可使树冠枝条分布均匀，增大空间，改善通风透光条件，有利于树冠内部枝条的生长发育及花芽的形成。特别是疏除强枝、大枝和多年生枝，常会削弱伤口以上枝条的生长势，而对伤口以下的枝条有增强生长势的作用。

　　疏可分为轻疏（疏枝量占全树的 10% 以下）、中疏（疏枝量占全树的 10% ～ 20%）、重疏（疏枝量占全树的 20% 以上），疏枝强度因植物的种类、生长势和年龄而定。萌芽力和成枝力都强的植物，如黄叶榕，疏剪的强度可大些；萌芽力和成枝力较弱的植物，如雪松、棕榈类等，疏剪强度要小些。一般对于幼树可轻疏或不疏；成年树中疏；衰老树的枝条数量较少，只能疏去必要疏除的枝条；花灌木宜轻疏，不同园林树木的疏剪程度原则见表 1-4。不同类型树木及枝条疏剪方法见图 1-49、图 1-50。

图 1-48　树木疏剪示意

表 1-4　不同园林树木的疏剪程度原则

疏剪目标	疏剪强度
萌芽力和成枝力强的园林树木（如紫薇、桃、月季、小叶榕、黄杨等）	强度大，可中疏、重疏
萌芽力和成枝力弱的园林树木（梧桐、翻白叶、松树、桂花、雪松等）	轻疏或不疏
幼树	轻疏或不疏

续表

疏剪目标	疏剪强度
花灌木类（如连翘、迎春、木槿、玫瑰、珍珠梅等）	轻疏为主
成年树	中疏为主
衰老树	不疏或只疏必须疏掉的枝条

（a）乔木疏枝（剪至另一主枝或主干处，不留残桩）　　　（b）灌木疏枝（疏除至地表）

图 1-49　不同类型树木的疏剪

疏上部枝条，增强伤口　　　疏下部枝条，削弱伤口　　　疏中部枝条，削弱伤口
下部枝条的长势　　　　　上部枝条的长势　　　　　上部枝条的长势，增强
　　　　　　　　　　　　　　　　　　　　　　　　　伤口下部枝条的长势

图 1-50　主枝的疏剪

3. 伤

伤指使用环剥、刻伤、扭梢、折梢等各种方法损伤枝条，可缓和树势，削弱受损枝条的生长。主要在园林树木的生长季节进行，对树木总体的影响不大。

（1）环剥　可促进枝条进行花芽分化，使开花少、坐果率低的

花卉多开花、多坐果，延长观赏期。

可选择在健壮枝条或枝条的近基部处环剥，深度以切断皮层（韧皮部），不伤木质部为准，环宽根据枝条粗细的不同，一般为 0.2 ～ 1 厘米（图 1-51）。为了促进开花，必须在花芽分化前进行环剥，但观花花木种类繁多，花芽形成时间各异，还应以花木的开花习性为依据确定环剥的时期。大多数早春和春夏之交开花的花木，都是在上一年夏秋季进行花芽分化的，这类花木应在 6 ～ 8 月间进行环剥；对于夏秋季节开花的花木，是在当年萌发的新梢上形成花芽，这类花木可在新梢停止生长后环剥。对于一年内连续开花的花木，在每次花谢之后进行环剥。待环剥口愈合后，按常规进行管理，就能多开花，花期也相对长。

（2）刻伤　指用刀在芽的上方或下方横切并深达木质部（图 1-52）。在芽的前方 0.5 厘米下刀，可促进该芽的萌发和长势；在芽的背后 0.5 厘米下刀，可抑制该芽的萌发和长势，但有利于花芽分化（图 1-53）。此法可使伤口附近的芽获得较多的养分，有利于芽的萌发和抽生新枝（图 1-54）。刻伤对树木整形和果实生长的影响如图 1-55 所示。

图 1-51　环剥

图 1-52　刻伤

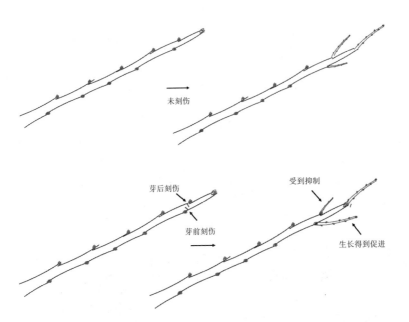

图 1-53 刻伤位置对枝条长势的影响

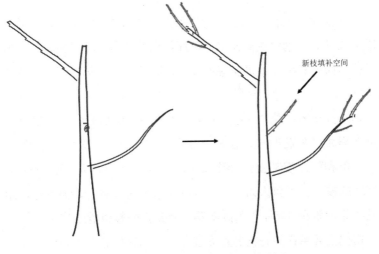

图 1-54 刻伤对树木整形的影响

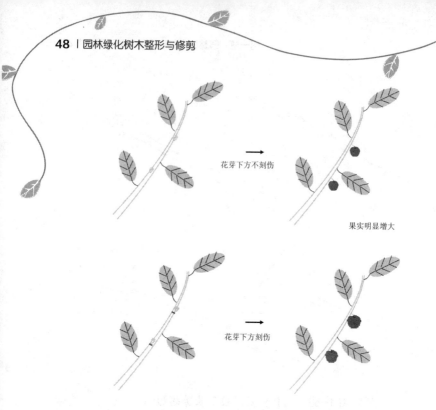

花芽下方不刻伤

果实明显增大

花芽下方刻伤

图 1-55　刻伤对果实生长的影响

（3）扭梢　新梢半木质化时扭后别下称扭梢。扭梢也是一种夏季修剪措施。扭梢的主要作用是破坏新梢的营养运输渠道，抑制顶端优势，减弱长势，促进花芽形成，前部扭梢，后部环剥，促花效果更好。

新梢尚未木质化时，将背上的直立新梢、各级延长枝的竞争枝，以及向里生长的临时枝，在基部 5 厘米左右处，轻轻扭转 180°，使木质部和韧皮部都受到轻微损伤，但以不折断为度（图 1-56）。扭梢后的枝条，长势大为缓和，至秋季不但可以愈合，而且还可能形成花芽。即是当年不能形成花芽，第二年一般也能成花。

扭梢主要用在幼旺树的直立枝上，目的是控制旺长。成龄大树旺枝少，一般不扭梢。

图 1-56 扭梢

4.变

变指改变枝条生长方向，控制枝条生长势的方法，使枝条的顶端优势转位、加强或降低，改变树冠结构。主要方法有圈枝（图1-57）、拉枝（图1-58）、抬枝、撑枝（图1-59）、曲枝、弯枝等方法。若将向上直立生长的背上枝向下弯曲成拱形，削弱生长势，生长转缓；若直立诱引，使枝顶向上，可增强枝条的生长势（图1-60）。主要在树木生长季节使用。

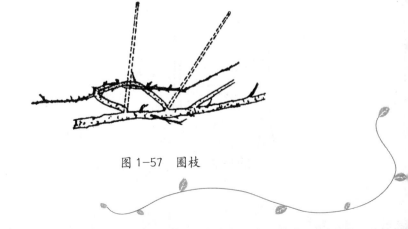

图 1-57 圈枝

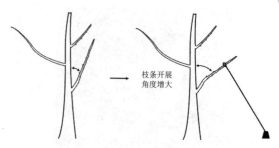

枝条开展
角度增大

图 1-58 拉枝

枝与干的夹角小，枝条生长旺盛

使用撑具加大枝和干的夹角，缓和枝
条的长势

图 1-59 撑枝

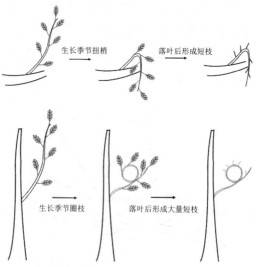

生长季节扭梢   落叶后形成短枝

生长季节圈枝   落叶后形成大量短枝

图 1-60 扭梢和圈枝的应用效果

5. 放

营养枝不剪即称为长放或甩放。该方法利用的是单枝生长势逐年递减的规律。长放的枝条留芽多，抽生的枝条也多，致使枝条养分较为分散，而多形成中短枝；生长后期保留的大量枝叶可积累更多的营养物质，有利于促进花芽分化，使旺枝或幼旺树提早开花、结果。

营养枝长放后，枝条加粗较快，特别是背上的直立枝，越放越粗，如果运用不妥，会出现树上长树的现象，所以要提前注意防止。一般情况下，对背上的直立枝不采用甩放的方法，如果要甩放也会与其他修剪措施相结合，如弯枝、扭梢或环剥等；长放一般多应用于长势中等的枝条，较容易形成花芽，也不会出现越放越旺的现象。通常，对桃花、海棠等花木，为了平衡树势，增强生长势弱的骨干枝往往会采用长放，使该枝条迅速增粗，赶上其他骨干枝的生长势。丛生的灌木多采用长放的方法，如连翘，为了形成潇洒飘逸的树形，在树冠上甩放 3 ~ 4 条长枝，远远看去，长枝随风摆动，效果极佳。

（二）辅助修剪手法

1. 摘心和剪梢

摘心和剪梢是对园林树木当年生新梢摘去顶芽（生长点）或剪截掉一部分枝条。摘心、剪梢可促生二次枝，加速扩大树冠，也可起到调节生长势、促进花芽分化的作用（图 1-61）。

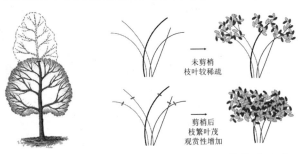

未剪梢
枝叶较稀疏

剪梢后
枝繁叶茂
观赏性增加

图 1-61　乔木（左）和灌木（右）摘心、剪梢的效果示意

2. 抹芽和抹梢

抹芽和抹梢是在生长期把多余的芽和新梢从基部抹除（1-62）。园林树木尤其是花灌木类，如果根蘖芽和腋芽过多，会造成枝条过密，影响树冠的通风透光，花朵多而瘦小，果实着色不好。因此，一般早春芽梢刚刚生长时，可用芽剪和枝剪去掉一部分嫩芽和新梢，避免妨碍树形，影响观赏价值。对于较为名贵的观赏树木，采取抹芽和抹梢的方法还可代替将来的疏剪工作，减少今后修剪的伤口和疤痕。

图 1-62　抹梢（左）和抹芽（右）

3. 摘蕾

摘蕾是早期进行的疏花、疏果措施，可有效调节花果量，减少营养消耗，提高存留花果的质量。如香水月季，通常在花前摘除侧蕾，使主蕾得到充分养分，花开得大而且鲜艳（图 1-63）。

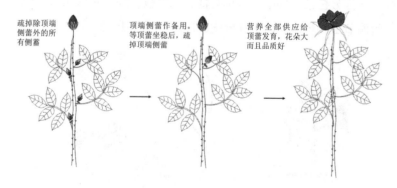

图 1-63　摘蕾对月季成花的影响

4. 摘花与摘果

摘花，一是摘除残花，残花久存不落，影响美观及嫩芽的生长，需摘除；二是不需结果时将凋谢的花及时摘去，以免其结果而消耗营养；三是残缺、僵化、有病虫损害而影响美观的花朵需摘除。摘果是摘除不需要的小果或病虫果。

5. 根系修剪

根系修剪是将植株的根系在一定范围内全部或部分切断的措施，这样可刺激根部发生新的须根。种植在露地的园林树木一般不需要年年进行根系修剪，根系修剪一般在以下情况下采用：高大的乔木移入花盆进行室内种植（盆景制作）；树木根系侵入到建筑物区域，对街道、下水道或人行道造成安全威胁；大树的移栽；园林树木日常管理（图 1-64）。

图 1-64　根系修剪

修剪时一般分两年进行，按树冠大小以树干为中心划一个等大或稍大的圆圈，然后四等份，第一年先切断对角线两部分的根系，第二年再切断剩余部分的根系（图 1-65）。根系修剪时应注意：根系修剪量要小于树木总根量的 33%，一侧的根修剪量不要超过 25%；根系修剪时期以早春新芽萌动之前进行最好；树干直径小于或等于 30 厘米时（距地面 1 米处测量），根系修剪应在距树干 1.2 米外进行。树干直径超过 30 厘米时，每增加 7.5 厘米，最小距离应增加 30 厘米，树木直径与根系修剪范围的关系见表 1-5；修剪工具应干净、锋利，修剪完毕，应迅速回填并浇透水；在大树苗移栽前，最好提前半年进行根系修剪，可大大减少根系的损伤。落叶阔叶树切根范围以略大于树冠比较好；常绿针叶树种如油松、黑松等切根范围可大出树冠直径 1/3 左右，而桧柏、侧柏、龙柏等切根范围可大出树冠直径 1 倍左右。

　　树木直径与根系修剪范围及根系修剪的步骤如图 1-66、图 1-67 所示。

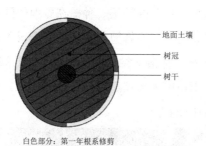

地面土壤

树冠

树干

白色部分：第一年根系修剪
黑色部分：第二年根系修剪

图 1-65　园林树木根系修剪

表1-5　树木直径与根系修剪范围的关系

树木直径 / 厘米 （距地 1 米处测量）	距主干的距离	
	最小距离 / 米	最适合的距离 / 米
15	1.2	1.5
22.5	1.2	1.5
30	1.2	1.8
37.5	1.5	2.1
45	1.8	2.4
52.5	2.1	2.7

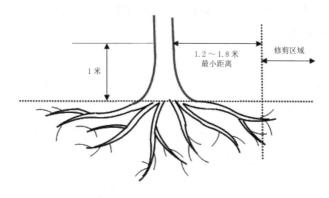

图 1-66　树木直径与根系修剪范围

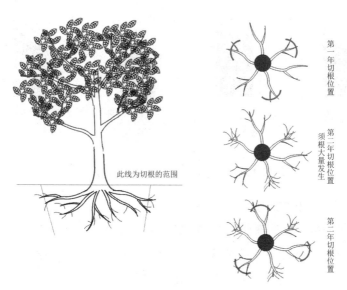

图 1-67　根系修剪的步骤

三、园林树木整形修剪的注意事项

（一）剪口和剪口芽

剪口指疏截修剪所造成的伤口。剪口一般在芽的上方或枝条基部。剪口芽则是指距离剪口最近的芽。剪口的斜切面应与芽的方向相反，其上端略高于芽 0.5 厘米，下端与芽的腰部平齐，不可留桩或距芽体太近（图 1-68）。修剪枝条的剪口要平滑，与剪口芽成 45°的斜面，使剪口伤面小，有利愈合，且芽萌发后生长快；疏枝的剪口处不留残桩。剪口一般以斜口较多，剪口芽的方向与质量对修剪整形影响较大，若为扩张树冠，应留外芽；若为填补树冠内膛，应留内芽；若为改变枝条方向，剪口芽应朝所需空间处；若为控制枝条生长，应留弱芽；反之，应留壮芽为剪口芽。

（a）剪截角度合适，距离叶节或芽 5～10 毫米，正确　　（b）剪截口上端芽太远，错误　　（c）剪截口上端距芽太近，芽可能会死掉，错误　　（d）剪截角度小，伤口面积大，可能造成病菌入侵，错误

图 1-68　枝条剪截的位置和方法

（二）大枝的修剪

用园艺锯在处理直径 10 厘米以上、较为粗大的枝干时，如果不注意或不小心很容易撕裂树干，造成大的伤口，影响美观（图 1-69）。此时应注意采取"三段式锯除法"。

采用"三段式锯除法"时，首先在要去除的枝干下方距主干约 13 厘米处锯一切口，深度约为 1/3；第二步，在枝干上方距第一个切口约 8 厘米处下锯，直到枝干脱落；第三步，贴近主干约 2 厘米处，锯除剩余部分（图 1-70）。

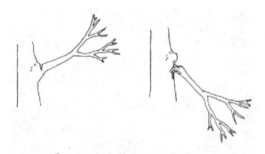

图 1-69　大枝的错误修剪方法

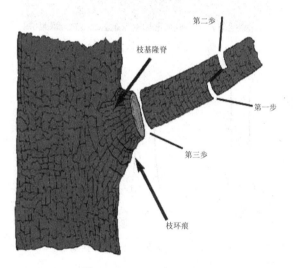

图 1-70　三段式锯除法

　　锯除时应注意，因枝干比较沉重，如果对下方的其他枝条或人身及财物有危害，必须用绳索捆住枝干进行保护性作业；凡是枝剪和园艺锯造成伤口部位不平滑时，都要用刀削平，以减少病菌侵入的机会和促进伤口部位愈合（图 1-71）；有一句剪枝的俗语是"宁让树受伤，不让树扛枪"。说的就是剪枝的时候，一定要将剪口剪得与枝条平齐，不能留桩，这是剪枝的要点。如果剪口不平，留茬或留桩，不但不利于愈合，还会引起干腐病的发生。

图 1-71　愈合良好的伤口

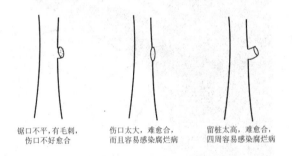

锯口不平，有毛刺，　　　伤口太大，难愈合，　　　留桩太高，难愈合，
伤口不好愈合　　　　　　而且容易感染腐烂病　　　四周容易感染腐烂病

图 1-72　锯除大枝干的错误方法

　　图 1-72 列举了锯除大枝干的错误方法，图 1-73 标示了正确的锯除位置（实线为正确的截口位置）。

（三）在修剪中应使用合适的器械工具并注意安全

　　使用前应检查上树机械和折梯各个部件是否能正常工作，防止事故发生。上树操作时要有安全保护设施。在高压线附近作业时，要特别注意安全，必要时请供电部门配合，避免触电。行道树修剪时，有专人维护现场，以防锯落大枝砸伤过往行人和车辆。

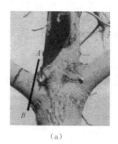

(a) (b) (c)

图1-73 疏截大枝干时截口位置确定示意图

注：（a）枝基隆脊（A）及枝环痕（B）能清楚见到，则在脊与环痕连线（图中A—B）外侧截枝；（b）如果枝基的隆脊不很清楚或要作进一步确认，可如（b）图所示方法估测。即在侧枝基部隆脊处A设一与欲截枝平行的直线A—B及与枝基隆脊线一致的直线A—C，在欲截枝上设A—E线使角EAC等于角CAB，则可确定A—E为正确的截口位置；或可在枝基隆脊A点作一垂线A—D，截口AE的位置应使角EAD等于角DAC；（c）先从枝基隆脊处（A），设欲截枝的垂直线A—B及枝基隆脊线A—D，然后平分该两线的夹角BAD，平分线A—C即为正确的截口位置。

（四）剪口的保护

修剪时应注意尽量减小剪口创伤的面积，使创面保持平滑、干净。若创伤面积较大，可用利刀削平创面后，用2%的硫酸铜溶液消毒，再涂保护剂，可以防止伤口由于日晒雨淋、病菌入侵而腐烂（图1-74）。效果较好的保护剂有以下几种。

（1）保护蜡 用松香2500克、黄蜡1500克、动物油500克配制。先把动物油放入锅中用温火熔化，再将松香粉与黄蜡放入，不断搅拌至全部溶化，熄火冷凝后即成，取出装入塑料袋密封备用。使用时只需稍微加热令其软化，即可用油灰刀蘸涂，一般适用于面积较大的创口。

（2）液体保护剂 用松香10份，动物油2份，酒精6份，松节油1份（按重量计）。先把松香和动物油一起放入锅内加温，待

熔化后立即停火，稍冷却后再倒入酒精和松节油，搅拌均匀，然后倒入瓶内密封贮藏。使用时用毛刷涂抹即可，适用于面积较小的创口。

（3）油铜素剂　用豆油 1000 克、硫酸铜 1000 克和熟石灰 1000 克配制。硫酸铜、熟石灰需预先研成细粉末，先将豆油倒入锅内煮至沸热，再加入硫酸铜和熟石灰，搅拌均匀，冷却后即可使用。

在理论上所有的伤口，不论大小都应消毒、涂料，但在实际工作中，通常只对直径 5 厘米以上的伤口进行涂抹。值得注意的是，小伤口，特别是生活力弱的树木上的小伤口，愈合速度慢，更易造成腐朽。在修剪作业中，对于树干和枝条上的死皮都要刮至健康组织。愈合不好的老伤口要重新切削修整，然后用保护剂处理。

图 1-74　涂保护剂保护伤口　　　图 1-75　病虫枝的处理

（五）病虫枝的处理

修剪病枝后，修剪工具应用硫酸铜溶液浸泡消毒后再使用，防止交叉感染。修剪下来的病虫枝条应集中焚烧（图 1-75）。其他枝条清理运走。

（六）应注意落叶树和常绿树修剪时期的区别

冬季落叶树地上部分停止生长，养分大多会流到主干和主枝，此时修剪养分损失少，伤口愈合快。而常绿树的根与枝叶终年活动，虽然冬季新陈代谢相对较弱，但养分不能完全用于贮藏，剪去枝叶时会造成大量养分损失。同时，由于冬季气温较低，剪去枝叶还有冻害的危险，所以冬季修剪会严重影响常绿树的长势。

第六节　整形修剪常用工具及使用要点

园林植物种类繁多，其培养目的和整形修剪方式也各有不同。为了达到良好的整形修剪效果和提高工作率，需要使用修剪工具。常用的工具主要有剪、锯、刀和梯子等。在修剪前一定要注意：必要的保护性措施是必需的，包括手套（要求结实耐用，不能影响手的活动）、防护工作衣（要求袖口和裤口收口，以防止树枝的挂扯）、胶底工作鞋和保护头盔（防止空坠重物的伤害）。

一、基本的整形修剪工具

1. 修枝剪

（1）圆口弹簧修枝剪　适用于剪截植物直径在 3 ~ 4 厘米以下的枝条，只要能够含入剪口内都能被剪断。使用时右手握剪，根据枝条粗细开合剪口大小，左手用力顺着圆形切刃方向推动枝条，协助完成修剪动作，不可左右扭动剪刀，否则影响正常使用 [图 1-76（a）]。

（2）直口弹簧修枝剪　适用于夏季剪除顶芽、嫩梢等未木质化的小枝条或疏去幼龄花果 [图 1-76（b）]。

（3）大平剪　又称绿篱剪、长刃剪，适用于绿篱、球形树和造型树木的修剪，它的条形刀片很长，刀片很薄，易形成平整的修剪面，但是大平剪不适合剪粗壮枝，只适合剪小嫩芽 [图 1-76（c）]。

（4）长柄修枝剪　其剪刀呈月牙形，没有弹簧，手柄很长，适用于高灌木丛的修剪 [图 1-76 (d)]。

（5）高枝剪　装有一根能够伸缩的铝合金长柄，使用时可根据修剪的高度要求来调整，用于剪截高处的细枝，避免高空作业 [图 1-76(e)]。

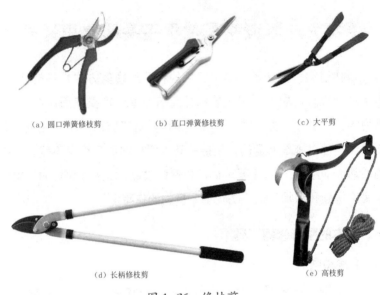

(a) 圆口弹簧修枝剪　　　(b) 直口弹簧修枝剪　　　(c) 大平剪

(d) 长柄修枝剪　　　　　　　(e) 高枝剪

图 1-76　修枝剪

2. 修枝锯

当植物的枝干粗大时，一般的修枝剪不能将其截断，此时需要用手锯或电动锯等来完成。

（1）手锯　适用于 10 厘米以下粗大枝条的剪截。锯条薄而硬，锯齿细而锐利 [图 1-77 (a) (b)]。

（2）高枝锯　适用于修剪位置较高的粗壮大枝。高枝锯有手动的和电池或燃油动力的，前者较为安全，而后者虽省力但危险性较强 [图 1-77 (c) (d)]。

（3）电动锯　适用于大枝的快速锯截，操作简单，减轻劳动强度 [图 1-77（e）]。

3. 刀

在幼树整形时，为促使剪口下芽的萌发可用小刀在芽的位置上方进行刻伤；当锯口或伤口需要修整时，可用刀具将伤口削平滑以利于愈合；在树木造型时，可用芽接刀进行嫁接以促进其成型等（图 1-78）。

4. 绿篱修剪机

一般以充电电池为电源。具有体积小、重量轻、移动方便、噪声小等优点，主要用于绿篱植物的修剪。常有旋刀式和往复式两种类型（图 1-79）。

5. 梯子或升降机

当修剪比较高大树木的上部或顶端时，必须借助于梯子和升降机（图 1-80、图 1-81）。

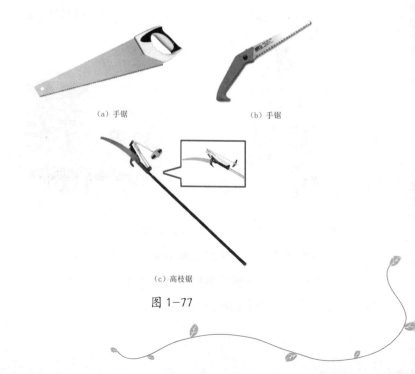

（a）手锯　　　　　　　　　　（b）手锯

（c）高枝锯

图 1-77

（d）高枝锯

（e）电动锯

图 1-77　修枝锯

图 1-78　嫁接刀

图 1-79　绿篱修剪机

图 1-80　梯子

图 1-81　升降机

6. 一些特殊的修剪工具（图1-82）

（1）根剪　用来剪截植物根部的老根。

（2）芽剪　用来除掉树木的腋芽。

（3）叶剪　对盆栽树木的叶片进行修剪。

此外，还需要一些必需的辅助材料，如草耙（图1-83）、安全带以及绳索等。

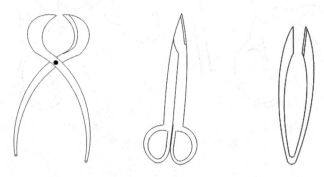

图1-82　根剪（左）、芽剪（中）和叶剪（右）

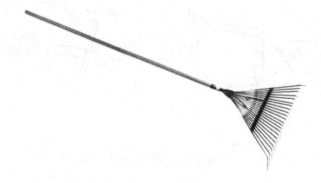

图1-83　草耙

二、整形修剪工具的使用方法

（一）修枝剪

粗度大于1厘米的枝条用刀刃的后端剪下，对于粗度小于1厘米的细小枝条用刀刃的中间或前端进行修剪（图1-84）。圆口弹簧修枝剪的使用方法和操作方式如图1-85所示。

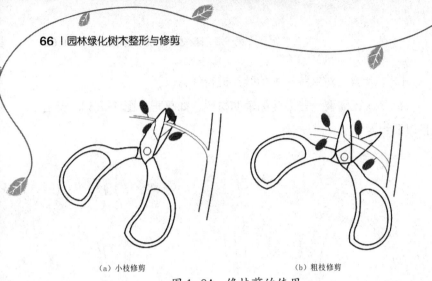

（a）小枝修剪　　　　　　　　（b）粗枝修剪

图1-84　修枝剪的使用

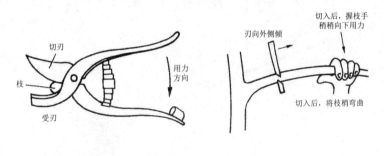

（a）使用方法　　　　　　　　（b）操作方式

图1-85　圆口弹簧修枝剪的使用方法和操作方式

（二）绿篱剪

　　对于树冠部位或者是绿篱上部叶片修剪时，双手握持绿篱剪手柄的中间（图1-86A部位），而在修剪较为粗大的枝条时，双手可握持在绿篱剪手柄的下端（图1-86B部位），较为轻松省力。绿篱剪正确的使用方法如图1-87所示。

　　使用绿篱剪时，根据修剪材料的高度以及造型要求，采取不同的修剪姿势，如图1-88所示，假如树体较为高大时，可踩在支撑物上，剪口与修剪面平行，手柄向下进行修剪；修剪较为低矮的绿篱时，剪口与修剪面平行，手柄向上进行修剪。注意修剪时，每次要少剪一些枝叶，防止甬刃。

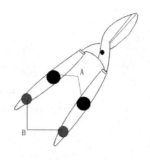

图 1-86 绿篱剪的握持方法和修剪

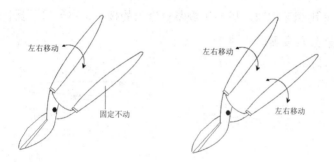

图 1-87 绿篱剪正确的使用方法（左）和不正确的使用方法（右）

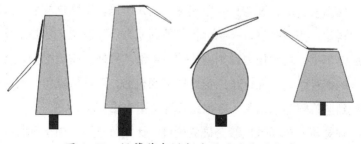

图 1-88 绿篱剪在树木造型时的使用方法

(三)园艺锯

使用园艺锯,向前推时,手不要用力;向后拉时,手向下均匀用力下拉(图1-89),可顺利锯断枝条。

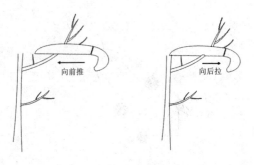

图1-89　园艺锯的操作方法

使用园艺锯时,应一手握紧待修剪的枝条,另一只手握住园艺锯与枝条垂直下锯(图1-90)。

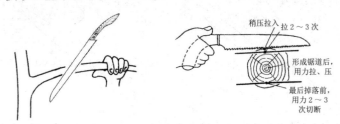

图1-90　园艺锯的使用方法

修剪枝条时,要避免用园艺锯的前端下锯,因为这样会造成锯身的抖动,使枝条锯口不平滑,也不易使力。正确的方法是从锯子的后端下锯,均匀用力,则会使锯口平滑。另外,在锯松树类含树脂多的树种时,应在锯齿上抹一些缝纫机油,可润滑锯条,而且可以起到溶解树脂的作用,效果比较好(图1-91)。

在修剪一些质地比较坚硬的树种,比如竹子时,由于其纤维含量高,用园艺锯很费力气或很难锯断,此时要使用钢锯(图1-92),

其锯齿比较细密，刃口好，有利于修剪。

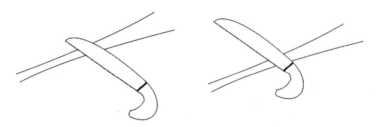

图 1-91　园艺锯错误的使用（左）和正确的使用（右）

图 1-92　钢锯

第二章

园林树木的整形修剪

第一节 园林树木的整形方式

整形工作的原则就是保持平衡的树势和维持树冠上各级枝条之间的从属关系。园林植物的整形方法因栽培目的、配置方式和环境状况不同而有很大的不同，在实际应用中常见的整形形式可分为自然式、人工式和混合式三种。

一、自然式整形

这种树形是由于各个植物的分枝方式、生长发育状况不同，形成了各式各样的树冠形式，在植物的整形修剪过程中按照植物自身特点，稍加人工调整和干预而形成的自然树形（图 2-1）。自然树形优美，树种的萌芽力、成枝力弱，或因造景需要等都应采取这种方式，自然式整形修剪能充分体现园林的自然美。常见园林植物自然式修剪如图 2-2 所示。

图 2-1

（a）整形修剪前　　　　　　　（b）整形修剪后

图 2-1　自然式整形

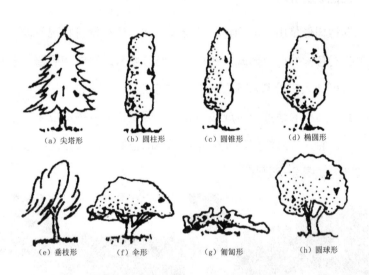

（a）尖塔形　　（b）圆柱形　　（c）圆锥形　　（d）椭圆形

（e）垂枝形　　（f）伞形　　（g）匍匐形　　（h）圆球形

图 2-2　常见园林植物自然式修剪

1. 尖塔形

单轴分枝的植物形成的冠形之一，其顶端优势强，中心主干明显，如雪松、南洋杉、大叶竹柏和落羽杉等（图 2-3）。

雪松

南洋杉

大叶竹柏

落羽杉

图 2-3 常见的尖塔形园林树种

2. 圆柱形

单轴分枝的植物形成的冠形之一，其中心主干明显，主枝长度上下相差较小，从而形成上下几乎同粗的树冠，如龙柏、钻天杨等（图 2-4）。

3. 圆锥形

圆锥形是介于尖塔形和圆柱形之间的树形，为单轴分枝形成的

一种冠形，如桧柏、银桦、美洲白蜡等（图2-5）。

龙柏　　　　　　　　　　　　　　　　钻天杨

图 2-4　常见的圆柱形园林树种

桧柏　　　　　　　　　　　　　　　　美洲白蜡

图 2-5　常见的圆锥形园林树种

4. 椭圆形

椭圆形是合轴分枝的植物形成的树冠之一，主干和顶端优势均明显，但基部枝条生长较慢，大多数阔叶树属于这种冠形，如加拿大杨树、大叶相思、扁桃和乐昌含笑等（图2-6）。

加拿大杨树   扁桃

图 2-6　常见的椭圆形园林树种

5.垂枝形

有一段明显的主干，但所有的枝条却似长丝垂悬，如垂柳、垂枝榆、龙爪槐、垂枝桃等（图 2-7）。

垂柳   龙爪槐

图 2-7　常见的垂枝形园林树种

6.伞形

一般也是合轴分枝形成的冠形，如合欢、鸡爪槭。只有主干、没有分枝的大王椰子、国王椰、假槟榔、棕榈等也属于此树形（图 2-8）。

合欢 棕榈

图 2-8 常见的伞形园林树种

7. 匍匐形

枝条匍地生长，如偃松、偃柏等（图 2-9）。

偃柏 偃松

图 2-9 常见的匍匐形园林树种

8. 圆球形

合轴分枝形成的冠形，如樱花、馒头柳、元宝枫、蝴蝶果等（图 2-10）。

樱花 元宝枫

图 2-10 常见的圆球形园林树种

9. 丛生形

主干不明显，多个主枝从基部萌蘖而成（图 2-11）。

连翘 迎春

贴梗海棠 玫瑰

图 2-11 常见的丛生形园林树种

二、人工式整形

根据园林树木观赏的需要，将植物树冠强制修剪成各种特定的几何或非几何形式，称为人工式整形（或规则式修剪整形）。这种整形方式完全忽视树木的个性，经过一定时期自然生长后会破坏造型，需要经常不断地整形修剪。适合人工式整形的园林树木一般都是耐修剪、萌芽力和成枝力都很强的种类。这种方式曾在西方形态栽培中盛行一时，目前人们向往自然、回归自然，已较少采用。但在一些公园、广场，作为一种吸引人的植物艺术造型方式，这种方式仍然被采用。常见整形式修剪如图 2-12 所示。

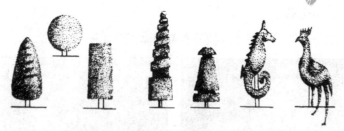

图 2-12　常见园林植物整形式修剪

1. 几何形体的整形方式

按照几何形体的构成标准进行整形修剪，例如球形、半球形、蘑菇形、圆锥形、圆柱形、正方体、长方体、葫芦形、城堡式等。

2. 非几何形体的整形方式

（1）垣壁式　在庭院及建筑物附近为达到垂直绿化墙壁的目的而进行的整形。在欧洲的古典式庭院中常可见到此种形式，多为 U 字形、叉字形、肋骨形等。这种方式的整形方法是使主干低矮，在干上向左右两侧呈对称或放射状配列主枝，并使之保持在同一垂直面上。

（2）雕塑式　根据设计师的意图，创造出各种各样的形体，但应注意植物的形体要与四周景物协调，线条简单，轮廓鲜明简练。修建时应事先做好轮廓样式，借助于棕绳、铁丝等，如龙、马、凤、狮、鹤、鹿、鸡等。

（3）建筑物形式　如亭、楼、台等（图 2-13）。

图 2-13　建筑物形式修剪

三、混合式整形修剪

1. 疏散分层形

有强大的中心领导干，它的上面分 2 ～ 3 层配列疏散的主枝，主枝分层对生，多呈半圆形树冠。第一层由 3 ～ 4 个主枝组成；第二、第三层各有 2 ～ 3 个主枝，各层主枝之间的层间距离下大上小，主枝上着生侧枝 [图 2-14（a）]。

2. 疏散延迟开心形

它是由疏散分层形演变而来，当树木长到 6 ～ 7 个主枝后，为了不使冠内部发生郁闭，而把中心领导枝的顶梢截除，使其不再向上生长，以利于通风透光。疏散延迟开心形如图 2-14（b）所示。

3. 中央领导干形

留一强大的中央领导干，它的上面配列稀疏的主枝。此树形，中央领导枝的生长优势较强，能向内、向外扩大树冠，主侧枝分布均匀，通风透光好，适用于干性较强的树种，能形成高大的树冠，最适合作为庭荫树。如银杏、松柏类和白玉兰等乔木 [图 2-14(c)(d)]。适用于干性较强的树种，能形成高大的树冠，最适合作为庭荫树。

4. 杯状形

没有中心干，在主干一定高度留三主枝向三方伸展。各主枝与主干的夹角约为 45°，三主枝间的夹角约为 120°。在各主枝上又留两根一级侧枝，在各一级侧枝上又再保留两根二级侧枝，以此类推，即形成类似假二杈分枝的杯状树冠 [图 2-14（e）]，也就是常讲的"三股三杈十二枝"。这种整形方法，多用于干性较弱的树种。

5. 自然开心形

它是由杯状形改进而来，没有中心主干，分枝较低，三个主枝错落分布，自主干上向四周放射而出，中心开展，所以称自然开心形。但主枝分枝不为两杈分枝，而是左右错落分布，树冠没有完全平面

化，能较好地利用空间。这种树形开花结果面积较大，生长枝结构稳固，树冠内通风透光条件好，有利于开花结果，因此常为园林中的桃、梅、石榴等观花树木整形修剪时常用。自然开心形如图2-14（f）所示。

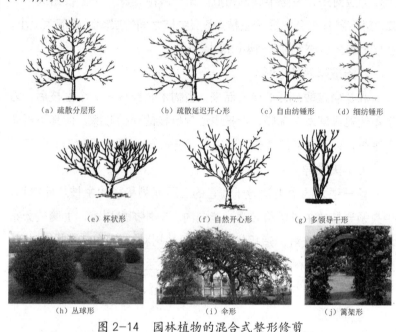

（a）疏散分层形　　　（b）疏散延迟开心形　　（c）自由纺锤形　　（d）细纺锤形

（e）杯状形　　　　　　（f）自然开心形　　　　　（g）多领导干形

（h）丛球形　　　　　　（i）伞形　　　　　　　　（j）篱架形

图2-14　园林植物的混合式整形修剪

6. 多领导干形

留2～4个领导干，在其上分层配列侧生主枝，形成匀整的树冠。此树形适用于生长旺盛的树种，最适合观花乔木、庭荫树的整形。其树冠优美，并可提高开花，延长小枝条寿命，如图2-14（g）所示。

7. 丛球形

此种整形只是主干较短，分生多个各级主侧枝错落排列呈丛状，叶层厚，绿化美化效果较好。多用于小乔木及灌木的整形，如黄杨类、杨梅、海桐［图2-14（h）］等。

8. 伞形

这种整形式常用于建筑物出入口两侧或规则式绿地的出入口，两两对植，起导游提示作用，在池边、路角等处也可点缀取景，效果很好。它的特点是有一明显主干，所有侧枝均下弯倒垂，逐年由上方芽继续向外延伸扩大树冠，形成伞形，如龙爪槐[图2-14(i)]、垂枝樱、垂枝榆、垂枝梅和垂枝桃等。

9. 篱架形

这种整形式主要应用于园林绿地中的蔓生植物。凡有卷须（葡萄）、吸盘（薜荔）或具缠绕习性的植物[紫藤，图2-14(j)]，均可依靠各种形式的棚架、廊亭等支架攀缘生长；不具备这些特性的藤蔓植物（如木香、爬藤月季等）则要靠人工搭架引缚，即便于它们延长、扩展，形成一定的遮阳面积，供游人休息观赏，其形状往往随人们搭架形式而定。

总括以上所述的三类整形方式，在园林绿地中以自然式应用最多，既省人力、物力又易成功。其次为自然与人工混合式整形，这是使花朵硕大、繁密或果实繁多肥美等而进行的整形方式，它比较费工，亦需适当配合其他栽培技术措施。关于人工形体式整形，一般言之，由于很费人工，且需具有较熟练技术的人员，故常只在园林局部或在要求特殊美化处应用。

第二节　不同类型园林树木的修剪方法

一、大树及落叶乔木

成年树修剪目的是保持树体结构、树形、健康和美观。

1. 树冠疏剪

当树冠枝条过于拥挤，通风透光不良时，要及时疏剪树冠内的拥挤枝、交叉枝、竞争枝、徒长枝等（图2-15）。

图 2-15　树冠疏剪

每次疏剪强度不能超

过总枝量的1/4

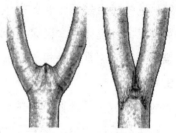

图 2-16　枝条夹角类型

左图为U形枝夹角，应保留；

右图为V形枝夹角，应疏除其一

疏除枝条时注意枝条夹角类型，U形枝可保留两个分枝，V形枝则适当选留其一（图2-16）。

2. 增高树冠

当树体主干过低，需要增加枝下高时，可疏除树体下部部分枝条（图2-17）。

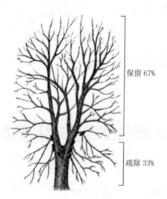

保留67%

疏除33%

图 2-17　增高树冠

中下部枝条应疏除，修剪强度为树冠至少占树高比例的2/3

3. 降低树冠

当树体过高，尤其是与一些建筑、线缆发生交接时，要及时通过修剪降低树冠高度（图2-18），但是需要注意的是该方法不能用于金字塔形的树种。

图 2-18　降低树冠

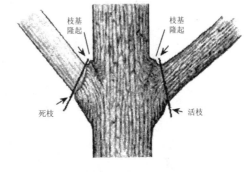

图 2-19　目标剪口

成年树修剪时，要尤其注意剪口位置的选择（图2-19）及修剪步骤，一定采用三步法疏除较粗大的侧枝，防止树枝与树皮之间产生撕裂。

二、常绿乔灌木

常绿针叶树种生长缓慢，再生能力较弱，如果生长条件良好，生长空间充裕，通常可不修剪。如需要进行修剪，可在春末至初夏时进行。春季新枝生长发育成类似"蜡烛"状，当"蜡烛"状新梢生长为其应有长度，但针叶尚未完全发育前，可剪除"蜡烛"状新梢的一部分，称为"掐绿"。适于松属、云杉属、冷杉属等树种（图2-20～图2-22）。

当针叶树顶芽受伤而缺失顶枝时，可以利用侧枝扶正后代替顶枝，具体扶正方法见图2-23。

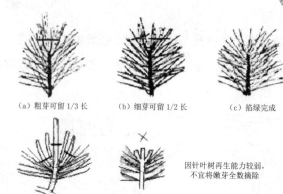

(a) 粗芽可留 1/3 长   (b) 细芽可留 1/2 长   (c) 掐绿完成

因针叶树再生能力较弱，
不宜将嫩芽全数摘除

图 2-20   新梢剪除强度

图 2-21   "蜡烛"状新梢   图 2-22   侧枝和顶枝新梢的修剪
及其修剪位置

方法一

方法二

图 2-23   侧枝扶正方法

常绿树生长季要及时剪除老弱枝，促使新梢生长（图 2-24）。

图 2-24　老弱枝条的修剪　　　图 2-25　金字塔形常绿树的修
剪强度

金字塔形常绿树修剪时要注意修剪强度，如圆柏属，可修剪去除树冠外围 20% 的枝条，但不可剪至致死区（图 2-25）。

三、落叶灌木

观花、观果、观叶等落叶花灌木类的整形修剪，必须考虑植物的开花习性、着花部位、花芽特征和生长态势，一般以疏枝、短截为主。对于具有顶生花芽的苗木，如山茶、杜鹃等，在休眠期修剪时绝不能短截生长花芽的枝条，以避免影响春季开花；而对于具有腋生花芽的苗木，如蜡梅、迎春等，在休眠期修剪时则可适当短截徒长枝条，以保持树冠和形态的整体协调；对于观果类苗木，则在修剪时要及时疏除过密枝，改善枝叶的通风透光，以促进果实着色，提高观赏效果。

1. 单干形灌木的修剪

该类灌木修剪时要尽量保持灌木自然发育树形，避免剃头式修剪（图 2-26）。及时疏除位置不当及病虫枝、衰老枝等（图 2-27）。但作绿篱修剪时除外。

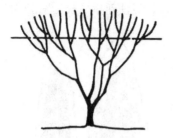

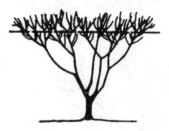

（a）剃头式修剪　　　　　　　　　　（b）修剪后第二年其新枝生长集中在顶部

图 2-26　避免剃头式修剪

（a）单茎灌木　　　　　　　　　　（b）修剪后

图 2-27　单干形灌木的修剪

2.多干形灌木的修剪

多干形灌木，如紫薇等，修剪以疏除过密枝、衰老枝、病虫枝为主（图 2-28）。

（a）修剪前　　　　　　　　　　（b）修剪后

图 2-28　多干形灌木的修剪

3.老年灌木及生长过旺灌木的修剪

对于大型老年散生的灌木 [如图 2-29 (a)] 第一年应从基部疏除 1/3 的老枝 [图 2-29(b)],促发从基部产生新枝 [图 2-29(c)];第二年继续疏剪掉老枝的 1/3,新生枝短截 [图 2-29 (d)],促进地上新梢产生分枝 [图 2-29 (e)];第三年疏除剩余的 1/3 老枝,短截新生枝,使更新的苗木旺盛生长 [图 2-29 (f)、(g)]。

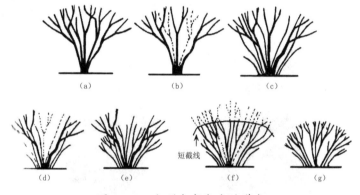

图 2-29　大型老年散生的灌木

更新修剪时,从基部生长出许多新枝,疏剪强度取决于树种,一般需疏剪掉 3/4 (图 2-30)。

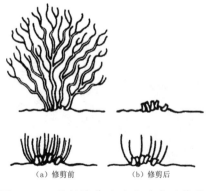

（a）修剪前　　　（b）修剪后

图 2-30　更新修剪后疏除过多的萌蘖

四、绿篱

　　绿篱的整形修剪方式有两大类，即自然式和规则式。自然式绿篱一般不需要作专门的整形，绿篱的高度可根据实际的生长情况与园林布置情况确认。在未达到所需篱高时，尽量少修剪，最多只短截生长过快的枝条，保持植株同步生长。规则式绿篱则需要经常修剪，除冬、春休眠和萌发初期必须整形外，其他季节也都应平剪，每季各剪 1 ~ 2 次。秋后如温度适宜，绿篱生长较快时，还可再剪 1 次，以轻剪为宜，控制绿篱的生长量。

　　规则式绿篱修剪应保持上窄下宽，若上宽下窄，则使基部变薄变窄（图 2-31）。绿篱的修剪过程如图 2-32 所示。

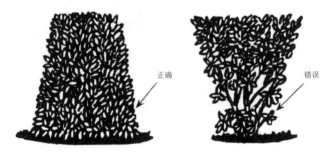

正确　　　　　错误

图 2-31　绿篱的修剪

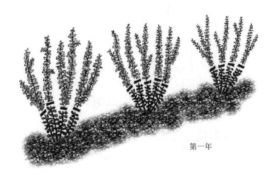

第一年

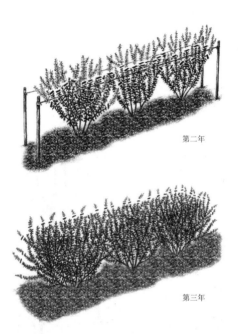

图 2-32　绿篱的修剪过程

树墙的整形包括规则式和不规则式，常见类型如图 2-33 所示。

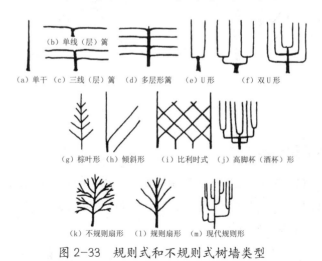

图 2-33　规则式和不规则式树墙类型

五、庭荫树

庭荫树需要保持良好的树冠结构和枝距，以形成冠大荫浓的景观效果。枝距不仅指主枝之间的距离，而且包括其良好的辐射角度和距离（图 2-34）。

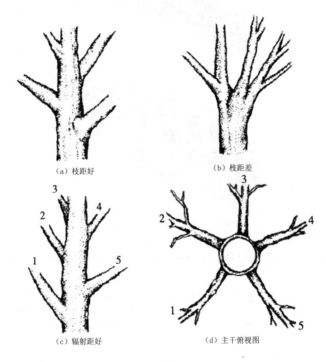

（a）枝距好　　　　　　　　　　（b）枝距差

（c）辐射距好　　　　　　　　　　（d）主干俯视图

图 2-34　庭荫树与孤植树的枝距

六、新移植树木

新移植树木在定植前后要疏除部分枝条，防止水分过度蒸发和根系吸收水分不良之间的矛盾，但疏除量不要太大，以疏除树木枝条的 1/3 为宜（图 2-35）。

移植成活后的第二年，修剪以建立良好枝距、保持枝条交替轮生为目的，可适当疏除树干下方的部分枝条和影响树体结构的过密枝等（图2-36）。

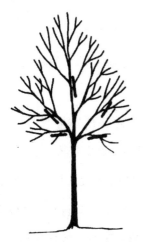 

图2-35 疏除新植树木的 部分枝条 图2-36 移植成活后 第二年的修剪

移植成活后要对枝条进行及时疏除。疏除与主干夹角小的树枝，防止与主干竞争（图2-37①），保留夹角大的枝条作主干的辅养枝（图2-37②）。

图2-37 移植成活后对枝条的疏除方法

七、高接园林树木

高接是指把原来树冠上的枝条或部分枝条剪去，用其他树种或品种的接穗进行嫁接的方法。高接可以达到特殊的、理想的效果。园林树种中的许多垂枝形种类，如龙爪槐、垂枝榆、垂枝梅等常采用此法。

将砧木树种位置合适的枝条截断后嫁接所需树种 [图 2-38（a）]。嫁接成活后，接穗开始生长，但各接穗生长势会有所差别，同时在砧木主干上可能会有萌条出现 [图 2-38（b）]。所以当年修剪需要将生长势强的枝条轻修剪顶梢；而将生长势弱的一面枝条缩减 2/3，以刺激萌发新的枝条，同时清除枝干萌生的任何枝条 [图 2-38（c）]。之后逐年调整各枝条的生长势，直至树冠圆整平衡 [图 2-38（d）]。

（a）选枝高接　　　　　　　　　　（b）成活后枝条生长

（c）修剪调节枝条生长势　　　　　　　　　　（d）成型时的树木

图 2-38　高接园林树木的修剪

第二章

常见园林树木整形修剪

第一节　常绿乔木

一、雪松

◆**特征**：常绿乔木，雌雄异株，树体高大优美，大枝平展，小枝下垂，树冠呈塔形（见彩图）。花期为 10 ~ 11 月份。

◆**习性**：幼时耐阴，大时喜光。耐干旱，不耐水湿。浅根系，抗风力差。抗寒性较强，大苗可耐 -25℃ 的短期低温，在湿热气候条件下，往往生长不良。

◆**分布**：我国长江流域以北地区多有栽培。

◆**园林用途**：最适孤植于草坪中央、建筑前庭之中心、广场中心或主要建筑物的两旁及园门的入口等处。列植亦为壮观。

◆**整形修剪**：雪松顶端优势较强，自然树形为尖塔形。雪松萌芽力不强，整形修剪应在秋到冬季进行，将病虫枝、干枯枝、畸形枝从基部疏除。

雪松需重视幼树的整形修剪，成年后每年稍加修剪即可。不注意往往造成下强上弱或上部分权的问题出现。

雪松幼树整形应注意两点。

（1）保持中心主枝顶端优势　除注意扶正顶端新梢，还要对顶

梢附近主侧枝的关系注意调整（图 3-1、图 3-2）。原则是去弱留强，即疏除下向枝，留平斜枝或斜上枝。

（2）合理安排主枝　为保持尖塔形树冠，选留主枝不可过多，间隔 0.5 米左右组成一轮主枝，主枝间距至少 15 厘米。对于选定主枝，缓放不短截，有利于主枝加粗生长，与主干相协调，保持整体匀称美观。

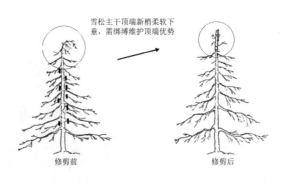

图 3-1　雪松的整形修剪

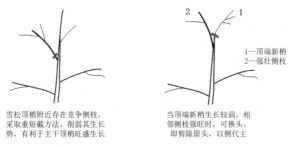

图 3-2　雪松的顶梢修剪

二、油松

◆**特征**：常绿乔木。株高约 25 米，树皮厚，灰褐色，鳞状开裂。小枝褐黄色。叶两针一束，粗硬。球果卵形或卵圆形，熟时淡黄色（见彩图）。

◆**习性**：为阳性树种，浅根性，喜光、抗瘠薄、抗风，在土层深厚、排水良好的酸性、中性或钙质黄土上，-25℃的气温下均能生长。

◆**分布**：产于我国吉林南部、辽宁、内蒙古、河北、河南、山西、山东、陕西、甘肃、宁夏、青海及四川西北部。朝鲜亦产。

◆**园林用途**：油松姿态老健壮观，是很好的庭荫树，可孤植、对植或丛植。

◆**整形修剪**：油松生长较慢，园林中以自然式整形为主。如作行道树栽植的苗木，在苗圃中培育6～7年以后，应每年将其分枝点提高一轮，到出圃时就能达到分枝点在2.5米以上的高度。油松萌芽力不强，整形修剪应在秋冬季进行。此时新芽生长结束，老叶已落，树液流动较慢，可从基部剪除弯曲枝、圆弧枝、枯萎枝、病虫枝，并注意保护主干顶梢。失掉顶尖时，首先从最上一轮主枝中选一个健壮的主枝，将其扶直。如在中干上绑一个粗细适度的棍子，将选留预备代替主尖的枝条与棍子的上方一起绑直，使枝条向上，并将顶上一轮其余枝条重剪回缩，然后再将其下面的一轮枝条轻剪回缩即可。提干修剪不宜一次剪得过重，剪口要稍离主干，防止伤口流胶过多，影响树势。

油松再生能力较弱，通常无法做大量而深度的修剪，可在春至初夏的萌芽期，不断摘叶、掐绿与修剪新梢以保持树形（图3-3、图3-4)。具体方法是将过长的新芽摘除，普通的芽折去一半，又长又粗的芽保留1/3即可。摘叶时应慎重，注意量的控制，摘叶不可太多，尤其要保留一定数量的芽，否则影响树势，没有效果。摘叶后需配合适当的栽培养护措施，使树体更新复壮，形成优美的树形。

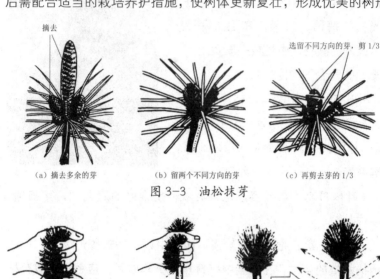

（a）摘去多余的芽　　　（b）留两个不同方向的芽　　　（c）再剪去芽的1/3

图 3-3　油松抹芽

（a）左手握上，右手握下　　　（b）右手向下揿　　　（c）待新芽长成后，新枝数增加

图 3-4　油松摘叶促发新枝

　　油松顶端优势明显，主干易养，主枝轮生状，但当轮生的主枝过多时，则中央干的优势易被减弱。因此，可每轮只留 4～5 个分布合理均匀的主枝，一般要求枝间上下错开、方向匀称、角度适宜，而将其他多余主枝疏除。对长势强的枝条进行回缩，留下长势弱的下垂枝或平侧枝。修剪后观察树体各层次间隔和主枝角度，使树体层次分明、通风透光良好。

三、桧柏

　　◆特征：常绿乔木，高可达 20 米，树冠卵形或圆锥形。有鳞形和针形两种叶，对生或三叶轮生。4月开花，雌雄异株，花黄色；球果次年成熟（见彩图）。

◆**习性**：性喜光、喜温凉气候，较耐寒，喜中性、深厚而排水良好沙质壤土，能生于酸性、中性及石灰质土壤上，对土壤的干旱及潮湿均有一定的抗性。对多种有害气体有一定抗性，是针叶树中对氯气和氟化氢抗性较强的树种。

◆**分布**：主要分布在黄河流域。北至辽宁南部，南达江苏、浙江，西至甘肃东部，西南至云南均有分布。

◆**园林用途**：桧柏在庭院中用途极广，可做绿篱。我国自古以来多配植于庙宇陵墓作墓道树或柏林。又宜作桩景、盆景材料。

◆**整形修剪**：桧柏最普通的整形方式为绿篱与圆筒形树冠（图3-5、图3-6）。

自然株形

4～10月间可随时修剪，控制高度时可去顶

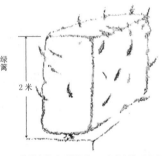

绿篱

2米

桧柏非常适于做绿篱，一般控制在2米以内，用绿篱剪将其顶部和四周修剪整平

图3-5　桧柏的整形方式

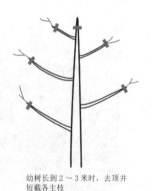
幼树长到2～3米时，去顶并
短截各主枝

在1年内反复修剪2～3次新
梢，增加小枝量。株形形成后
注意摘除新芽

图3-6　圆筒形树冠整形步骤

整形修剪后，摘除长出的新芽；若长成徒长枝剪掉后，从切口处会长出针状叶，要及时去掉（图3-7）。主干上主枝间隔20～30厘米时及时疏剪主枝间的瘦弱枝.以利通风透光。对主枝上向外伸展的侧枝及时摘心、剪梢、短截，以改变侧枝生长方向，塑造优美姿态。

图3-7　针状叶的修剪

四、罗汉柏

◆**特征**：常绿乔木，树冠广圆锥形；叶鳞片状，对生。球果近圆形，每种鳞有种子3～5粒；种子椭圆形，灰黄色（见彩图）。

◆**习性**：阴性树，喜欢日照不足的场地，怕干燥，喜冷凉湿润土地（年平均气温 8℃左右处）。

◆**分布**：中国东部与中部城市有分布。

◆**园林用途**：作庭园树，有桧叶篱笆之称。因其生长缓慢而且耐修剪，常作绿篱。

◆**整形修剪**：原品种的自然株形为圆锥形的乔木，但多为矮化品种，因而常做成绿篱或球形造型（图3-8）。修剪时间一般在每年 4 月、6～7 月、9～10 月，进行 3 次。进行绿篱造型或球形造型时，树干上部要重修剪，待枝伸长再分几次修剪。

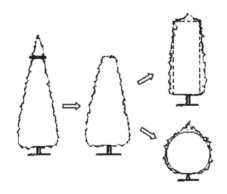

图 3-8　罗汉柏的整形（圆柱形和球形）

对于横向枝，重修剪容易造成枝条枯死，把枝顶端剪下一段即可。秋天到冬天要轻剪，其重点是把树干中心的内膛枝剪掉，把枯叶去掉（图 3-9）。

图 3-9 罗汉柏内膛枝（左）和横向枝（右）的修剪

五、龙柏

◆**特征**：常绿乔木，树干通直，树冠呈狭圆锥形。树皮黑色，有条片状剥落。侧枝枝叶螺旋状向上抱合，叶鳞状密生，紧贴于小枝，有时会  长出针叶。树冠生长如滚龙抱柱状，故名龙柏（见彩图）。

◆**习性**：喜阳，稍耐阴。喜温暖、湿润环境，抗寒。抗干旱，忌积水，排水不良时易产生落叶或生长不良。适生于高燥、肥沃、深厚的土壤，对土壤酸碱度适应性强，较耐盐碱。对氧化硫和氯抗性强，但对烟尘的抗性较差。

◆**分布**：主要产于长江流域、淮河流域，经过多年的引种，在中国山东、河南、河北等地也有龙柏的栽培。

◆**园林用途**：龙柏株形整齐，树态优美，宜作丛植或行列栽植，亦可整修成球形，或将小株栽成色块。

◆**整形修剪**：龙柏生长缓慢，整形以摘心为主（图 3-10）。对徒长枝应进行短剪或缩减。5～6月生长旺盛期要及时摘心,以保持枝稠、叶密的优美树形。

对大枝的修剪应在休眠期进行,以免树液外流。

图 3-10　龙柏的摘心

六、侧柏

◆**特征**:常绿乔木。树冠圆锥形。树皮呈片状剥落,枝条开展。叶鳞片状,对生。雌雄同株。球果卵形,果鳞6片,果熟时开裂(见彩图)。3月开花,11月果熟。

◆**习性**:性喜阳,喜湿润、肥沃的土壤,耐碱,耐旱,耐寒。但经受寒风时,叶会变褐色。

◆**分布**:原产我国东北部。我国分布极广,人工栽培范围几遍全国各地。

◆**园林用途**:栽为行道树或庭院树,显得古雅、肃穆,亦可作为绿篱材料。

◆**整形修剪**:在11～12月的初冬或早春进行修剪。剪掉树冠

内部的枯枝、病枝，同时还要修剪密生枝及衰弱枝。若枝条过于伸长，则于 6 ～ 7 月进行 1 次修剪，以保持完美的树形，并促进当年新芽的生长。剪掉枝条的 1/3，使整个树势有柔和感（图 3-11）。

图 3-11　侧柏的夏季修剪

七、女贞

◆ **特征**：常绿乔木，树冠卵形，一般高 6 米左右。单叶对生，卵形或卵状披针形。6 ～ 7 月开花，花白色，圆锥花序顶生。浆果状核果近肾形，10 ～ 11 月果熟，熟时深蓝色（见彩图）。

◆ **习性**：喜光，也耐阴。较抗寒，在丘陵可露地越冬。适应性强，在湿润、肥沃的微酸性土壤生长快，中性、微碱性土壤亦能适应。

◆ **分布**：产于江苏、浙江、安徽、江西、湖北、四川、贵州、广东、福建等地。甘肃及华北南部多有栽培。

◆ **园林用途**：女贞四季婆娑，枝干扶疏，枝叶茂密，树形整齐，是园林中常用的观赏树种，可于庭院孤植或丛植，亦作为行道树。因其适应性强，生长快又耐修剪，也用作绿篱（图 3-12）。

图 3-12 女贞的园林应用

◆**整形修剪**

（1）定植修剪 在苗圃移植时，要短截主干 1/3。在剪口下只能选留一个壮芽，使其发育成主干延长枝；其对生芽和剪口下第 1～2 对芽必须除去。位于中心主干下部、中部的其他枝条，要选留 3～4 个（以干高定），有一定间隔且相互错落分布的枝条主枝，并且每个主枝要短截，其余细弱枝可缓放不剪。

夏季修剪主要是短截中心主干上主枝的竞争枝，不断削弱其生长势即可。同时，要剪除主干上和根部的萌蘖枝。

第二年冬剪，短截中心主干延长枝，留芽方向与第一年相反。如遇中心主干上部发生竞争枝，要及时回缩或短截，以削弱生长势。第三年冬季修剪也要与前几年相仿，但因树木长高，主干下部的几个主枝逐年应疏除 1～2 个，以逐步提高枝下高。

（2）放任树修剪 目前许多地方栽植的女贞，多年疏于修剪管理，竞争枝林立，中心主干无明显延长枝。为此，应选留生长位置与主干较为直顺的一个枝条短截，作为主干延长枝，同时要剥去或破坏剪口下对生芽中的 1 个芽以及其下方的 2 对芽，其余强健主枝应按位置及其强弱情况疏剪，或施以相应强度的短截，促进中心主枝旺盛生长。经 3～5 年的修剪，主干高度够了，可停止修剪，任其自然生长（图 3-13）。

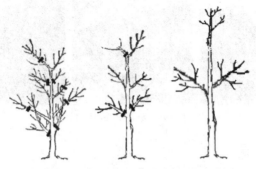

图 3-13 女贞放任树的整形修剪

第二节 落叶乔木

一、悬铃木

◆**特征**：落叶大乔木，高可达 35 米。枝条开展，树冠广阔，呈长椭圆形（见彩图）。花期 4～5 月。

◆**习性**：喜光，喜湿润温暖气候，较耐寒。根系分布较浅，台风时易受害而倒斜。树干高大，枝叶茂盛，生长迅速，易成活，耐修剪。

◆**分布**：全国从北至南均有栽培。

◆**园林应用**：可作行道树、庭荫树。作为行道树，一般采取杯形树冠，防止与上方电力线的矛盾；如果无电力线的阻挡，则一般采取自然形或合轴主干形树冠。庭荫树则采取合轴主干形树冠，使其高大挺拔，遮阳面大。

◆**整形修剪**：为缩短整形过程，一般在苗圃中就开始整形工作。对于扦插繁殖的悬铃木采取如图 3-14 所示的操作步骤。在整形过程中，整个生长期注意抹芽处理，原则上是防止形成分杈树形。如图所示反复几年，即可使苗木高粗比例适当、外形美观。随着苗木高生长，注意提高分枝高度。

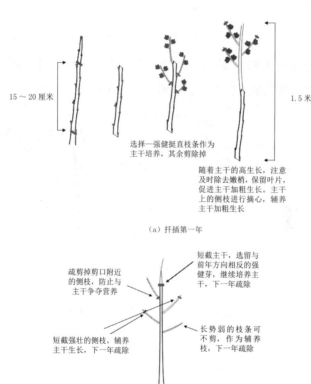

15～20 厘米

1.5 米

选择一强健挺直枝条作为主干培养，其余剪除掉

随着主干的高生长，注意及时除去嫩梢，保留叶片，促进主干加粗生长。主干上的侧枝进行摘心，辅养主干加粗生长

（a）扦插第一年

疏剪掉剪口附近的侧枝，防止与主干争夺营养

短截主干，选留与前年方向相反的强健芽，继续培养主干，下一年疏除

短截强壮的侧枝，辅养主干生长，下一年疏除

长势弱的枝条可不剪，作为辅养枝，下一年疏除

（b）扦插第二年

图 3-14 悬铃木的整形

定干及整形修剪一般在苗木高 4 米左右时进行，如图 3-15 所示。

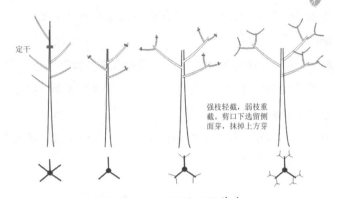

图 3-15　杯形树冠培养步骤

对于合轴主干形，如图 3-16 反复修剪几年，枝下高达到一定程度，树体冠幅均成大树形态，则可任其自然生长。

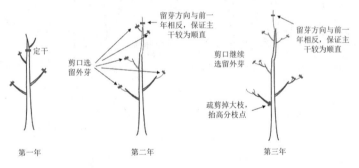

图 3-16　合轴主干形树冠培养步骤

杯形树冠注意选留侧向的枝条，疏掉主枝上下的枝条。同侧的侧枝间距以 30 厘米为宜。

二、黄杨

◆**特征**：常绿灌木或小乔木，高 1～7 米，花期 3～4 月。黄杨叶色终年常绿，耐修剪，寿命长，枝条柔软，便于造型（见彩图）。

◆**习性**：黄杨性耐阴，喜温暖湿润气候和疏松肥沃土壤，在酸性、

中性、碱性土壤中均能生长。根系发达，萌芽力强。

◆**分布**：全国广泛分布。

园林应用：观叶类，庭植观赏，作绿篱。

◆**整形修剪**：黄杨极耐整形修剪，作为绿篱可一年多次修剪（图3-17）。夏秋间修剪会刺激二次生长，在南方可加速成型，但在北方应注意如果秋梢发育不充实，冬季易受冻。修剪时注意疏除根蘖。

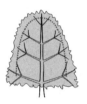

短截主枝的中心枝，株体整齐，而且小枝集中

沿着所需造型的修剪线修剪，增加了全株的小枝数量，枝叶密集，适宜于绿篱的修剪

图 3-17　黄杨的整形修剪

三、梧桐

◆**特征**：落叶大乔木，高达 15 米，树干挺直，树皮绿色、平滑（见彩图）。

◆**习性**：喜光，耐寒性较弱，喜钙，喜黏质土壤，深根性，极不耐水湿，过湿地方根部易腐烂，幼年速生。

◆**分布**：原产我国，南北各省都有栽培。

◆**园林用途**：可作行道树及庭园绿化观赏树。

◆**整形修剪**：梧桐萌芽力弱，不耐修剪，枝折断后，生长较为困难。若放任不管，则可培育成具卵圆形树冠、株高约 5 米的乔木。

其侧枝较为稀少，一般整形为自然株形。梧桐的整形修剪和枝条修剪如图 3-18、图 3-19 所示。

在自然株形的基础上进行整形

图 3-18　梧桐整形修剪

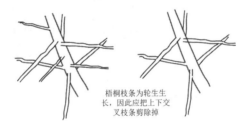

梧桐枝条为轮生生长，因此应把上下交叉枝条剪除掉

图 3-19　梧桐枝条修剪

四、白蜡

◆**特征**：落叶乔木，高 8 ~ 15 米（见彩图）。花期 5 月。果期 8 ~ 9 月。萌蘖力强，耐修剪，树生长较快，可用行道树。

◆**习性**：适应性强，喜温湿，耐寒、耐涝、耐盐碱、耐干旱。

◆**分布**：我国东北、中南部、黄河流域、长江流域、广东、广西，东南至福建均有分布。

◆**园林用途**：白蜡形体端正，树干通直，枝叶繁茂而鲜绿，秋叶橙黄，是优良的行道树和遮阳树，可用于湖岸绿化和工矿区绿化。

◆**整形修剪**：

（1）定干　一般于早春对植株进行截干，根据需要不同，定干高度在 1.0～2.0 米（丛式树形要从基部截干）。

（2）修剪　进入生长季节后，植株会从截干处萌生出 2～4 个主枝，主枝长至 10～15 厘米以上时，对主枝实施短截，待主枝分生出侧枝后，对侧枝再行短截（根据树形的不同要求，应注意修剪强度的差别），这样经过 3～4 次修剪，植株的树形就接近球形（图3-20）。秋季落叶后，根据每个树形的具体情况，再进行 1～2 次的细部修剪（包括对内膛枝和重叠枝的修剪），一般即可成形。修剪好的白蜡树枝条茂密、错落有致，犹如一个个刻意雕琢的灯笼。

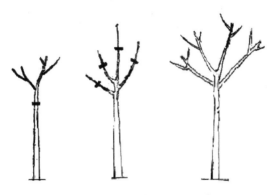

图 3-20　白蜡的整形修剪

五、复叶槭

◆**特征**：落叶乔木，高 10～15 米。花单性，雌雄异株，先叶开放（见彩图）。花期 4～5 月，果期 9 月。

◆**习性**：喜光耐旱、耐干冷、耐轻度盐碱、耐烟尘，暖湿地区生长不良。

◆**分布**：我国东北、华北、内蒙古、新疆至长江流域均有栽培。

◆**园林用途**：树冠展阔，耐修剪，是良好的行道树、庭院树及绿篱材料。

◆**整形修剪**：复叶槭整形修剪有 12 月到来年 2 月萌芽前和 5～6 月两个时期。幼树易生徒长枝条，要从基部疏除，复叶槭忌刃器，细枝可用手折断。成年树粗枝的剪口不易愈合，遇雨容易腐烂，应避免对粗枝的重剪。复叶槭的整形修剪和枝条修剪如图 3-21、图 3-22 所示。

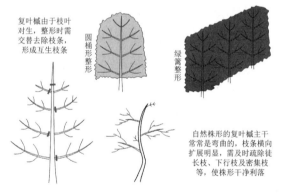

图 3-21　复叶槭的整形方式

对于侧枝，修剪时要注意将对生的枝条交互剪掉，使其错落有致

图 3-22　复叶槭侧枝的修剪

六、银杏

◆**特征**：落叶大乔木，高可达数十米，雌雄异株，4～5月开黄绿色花，着生于短枝上，9～10月成熟（见彩图）。

◆**习性**：阳性树，喜温湿气候，耐旱忌涝，适宜于肥沃、疏松的沙壤土。

◆**分布**：全国各地广泛分布。

◆**园林用途**：理想的园林绿化、行道树种，为防止果实污染路面，多采用雄树栽培。

◆**整形修剪**：银杏因主干发达，顶端优势强，放任生长，易形成自然圆锥形株形（图3-23）。对于银杏幼树，一般不需修剪，可自然形成自然圆锥形树冠。

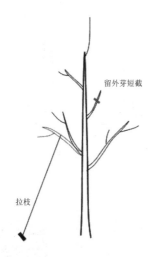

留外芽短截

拉枝

银杏幼树一般不需修剪，但对于强旺主枝可采取拉枝、屈枝或留外芽短截的方法抑强扶弱，使主枝间生长平衡

图3-23　银杏拉枝

目前很多地区为采果开始栽培雌树。其多采取嫁接的方法，主枝较多且强旺，应选择 3～4 个斜向主枝，控制长势，以及早结果。

对于成年银杏树，长枝少，短枝多，因此花多果多，但树冠内密生枝少，因此修剪量宜小。以观赏为主的银杏树注意疏除竞争枝、衰老枝、病枯枝。以结果为主的，对于扰乱树形的徒长枝要从基部疏除（图 3-24）。

图 3-24　银杏的整形修剪

七、火炬树

◆**特征**：落叶小乔木，高 8 米左右（见彩图）。雌雄异株，雌树花果红色似火炬而得名（图 3-25）。入秋叶色红艳或橙黄。花期 5～7 月，果熟期 9 月。

图 3-25　火炬树的花果

◆**习性**：喜阳耐寒，耐旱，耐盐碱。根系浅，水平根发达，根萌蘖性强，寿命 15 年左右。

◆**分布**：我国北方地区广泛栽培。

◆**园林用途**：园林中多丛植、片植，也用作行道树。

◆**整形修剪**：在栽培过程中，一般每年冬季或早春及时疏除萌蘖，对干枯枝、过密枝、病虫枝及影响树形的乱枝疏除即可。一般不进行整形修剪，多放任自然生长。

八、香樟

◆**特征**：常绿性乔木，高可达 50 米（见彩图）。叶薄革质，卵形或椭圆状卵形。花黄绿色，春天开，圆锥花序腋出，又小又多。球形的小果实成熟后为黑紫色（图 3-26）。花期 4～5 月，果期 10～11 月。

◆**习性**：喜光，稍耐阴；喜温暖湿润气候，耐寒性不强，对土壤要求不严，较耐水湿，但不耐干旱、瘠薄和盐碱土。主根发达，深根性，能抗风。萌芽力强，耐修剪。

◆**分布**：长江以南地区。

◆**园林用途**：樟树枝叶茂密，冠大荫浓，树姿雄伟，能吸烟尘、涵养水源、固土防沙和美化环境，是城市绿化的优良树种，广泛作

为庭荫树、行道树、防护林及风景林。配植池畔、水边、山坡等。在草地中丛植、群植、孤植或作为背景树。

图 3-26　樟树的叶、花和果实

◆**整形修剪**：香樟主枝有明显的顶芽，所以一般不宜短截枝顶，除将顶芽下方枝条长度已超过主枝的侧枝疏剪 4～6 个外，还要将顶芽附近的侧芽逐个剥去。

随着苗龄的增加，除顶端按照上述原则修剪以外，对于中心主枝下部的枝条也要作适当修剪，保证每层留 2～3 个枝条作为主枝即可。选留的主枝粗度不可超过其着生位置主干粗度的 1/3，且尽量使上下两层枝条互相错落分布（图 3-27）。

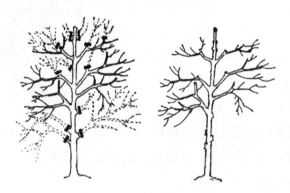

图 3-27　香樟的整形修剪

随着主干的逐年增高，每年主干上部增补 2～3 个主枝，同时主干下部疏剪 1～2 个主枝，不断扩大枝下高。当枝下高达到 4 米时，即可停止修剪，任其自然生长。

九、泡桐

◆**特征**：树皮灰色、灰褐色或灰黑色。假二杈分枝。单叶，对生，叶大，卵形。花大，淡紫色或白色，顶生圆锥花序，由多数聚伞花序复合而成（见彩图）。蒴果卵形或椭圆形，熟后背缝开裂。种子多数为长圆形，小而轻，两侧具有条纹的翅。

◆**习性**：喜光，不耐阴，不耐水湿，喜温暖气候。一般在排水良好、土层深厚、通气良好的沙壤土或沙砾土上生长良好。对土壤酸碱度适应性强。

◆**分布**：中国北起辽宁南部、北京、延安一线，南至广东、广西，东起台湾，西至云南、贵州、四川都有分布。

◆**园林用途**：泡桐树姿优美，花色美丽鲜艳，并有较强的净化空气和抗大气污染的能力，是城市和工矿区绿化的好树种。

◆**整形修剪**：目前生产上常用的泡桐整形修剪方法通常有抹芽法、平茬法、目伤接干法三种。

（1）抹芽法　春季新栽植苗木发芽后，在树干主干顶端选留一个健壮侧芽作为主干延长枝，将其对生芽以及其上部一并剪去。此法适用于大苗、壮苗和立地条件好的情况（图3-28）。

（2）平茬法　在苗木定植后，将主干齐地剪去，注意剪口要平整，用土将剪口埋住。到第二年春天，当枝条长度达到 10～15 厘米时，选择生长健壮、方向好的作为主干培养，其余的全部剪掉。第二年冬，泡桐的根系已经强大，如上年一样进行第二次平茬即可。此法

通常用于大苗栽植后受到损伤或苗木生长不良时（图 3-28 ）。

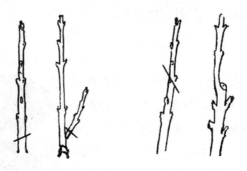

图 3-28 平茬法（左）和抹芽法（右）

（3）目伤接干法 选择定植 3 ～ 4 年的幼树，春季发芽前半个月，在树干最上部的侧枝上选择芽眼目伤。在芽眼上方 2 ～ 3 厘米处，用刀横开两条宽 0.8 ～ 1 厘米，长为枝条周围 1/3 的深达木质部的长方形伤口，并且将伤口内的皮层剥开，露出木质部。同时，短截目伤芽前方第一对枝，疏剪目伤芽后方的直立枝。待接干芽萌发后，选择与主干通直的作为延长枝，其他的全部抹除（图 3-29 ）。此方法通常运用于初期放任生长，经 3 ～ 4 年后发现树干分枝过矮，侧枝上较多直立枝，但与主干相距较远，不能接干。

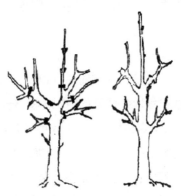

图 3-29 目伤接干法

十、刺槐

◆**特征**：落叶乔木，高 10 ～ 20 米
（见彩图）。奇数羽状复叶，互生。总状
花序腋生，花冠白色，芳香；荚果扁平，
线状长圆形，长 3 ～ 11 厘米，褐色，
光滑，含 3~10 粒种子，二瓣裂。花果
期 5 ～ 9 月。

◆**习性**：刺槐喜光、温暖湿润气候。
对土壤要求不严，适应性很强。最喜土层
深厚、肥沃、疏松、湿润的粉沙土、沙壤
土和壤土。对土壤酸碱度不敏感。虽有一定抗旱能力，但在久旱不
雨的严重干旱季节往往枯梢。不耐水湿。怕风。

◆**分布**：国内分布遍及华北、西北、东北南部的广大地区。

◆**园林用途**：刺槐形态变异丰富，它的观赏价值逐渐受到人们
的重视，尤其是在立地条件差、环境污染重的地区绿化，多以水土
保持林、防护林、薪炭林、矿山林树种应用。

◆**整形修剪**：园林绿化的刺槐苗木，一般比较强健。修剪时应
首先选择健壮、直立、处于顶端的 1 年生枝作为主干的延长枝，然
后剪去先端的 1/3 ～ 1/2。下部侧枝，逐个短截，其长度不可高于主干，
基部萌蘖枝全部剪去（图 3-30）。

夏季，由于刺槐生长旺盛，剪口下往往会发生许多健壮的枝条，
当枝条长度达到 20 厘米以上时，可选择一个直立的枝条作为主干
延长枝，其余要摘心或剪梢。如果侧枝生长势减弱不多，可于 6 ～ 7
月继续摘心、剪梢。

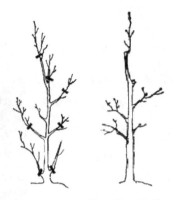

图 3-30 刺槐的整形修剪

十一、国槐

◆**特征**：落叶乔木，高 15 ~ 25 米（见彩图）。羽状复叶；小叶 9~15 片，卵状长圆形。圆锥花序顶生。种子 1 ~ 6 个，肾形。花果期 9 ~ 12 月。

◆**习性**：国槐性耐寒，喜阳光，稍耐阴，不耐阴湿而抗旱，在低洼积水处生长不良。对土壤要求不严，较耐瘠薄，石灰及轻度盐碱地（含盐量 0.15% 左右）上也能正常生长，但在湿润、肥沃、深厚、排水良好的沙质土壤上生长最佳。耐烟尘，能适应城市街道环境。病虫害不多。寿命长。

◆**分布**：原来在中国北部较为集中，北自辽宁，南至广东、台湾，东自山东，西至甘肃、四川、云南均有分布。华北平原及黄土高原海拔 1000 米高地带均能生长。

◆**园林用途**：国槐树冠大，遮阴面积大，花多且香，是中国庭院常用的特色树种，又是防风固沙、用材及经济林兼用树种，是城乡良好的遮阳树和行道树种。

◆**整形修剪**：国槐在园林绿化中常用圆头形树冠。

对于 1 年生苗木，冬剪时，在直立芽上方进行短截，剪口下方 20 厘米内的小弱枝全部疏除。主干中下部的侧枝，粗度不超过其生长位置粗度 1/3 的均可保留，只要短截先端即可。在春季抽枝发叶后，剪口下可萌发长出 6 ～ 7 个新枝，在枝条长度达到 30 厘米时，选择一个健壮、直立生长的枝条作为主干延长枝，其余枝条全部短截。

之后各年冬剪如同上年。当主干高度达到 4 米左右时，短截先端定干，使主干高度达 3.5 米。剪口以下选择 3 个枝条作为主枝，这 3 个枝条在主干上相距 20 厘米左右，夹角约为 120°，短截每个主枝，剪口下留外向芽。主干中下部的辅养枝全部疏除(图 3-31)。

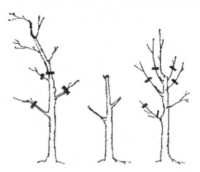

图 3-31　国槐的整形修剪

十二、龙爪槐

◆**特征**：龙爪槐小枝柔软下垂，树冠如伞，状态优美，枝条构成盘状，上部蟠曲如龙，老树奇特苍古。树势较弱，主侧枝差异性不明显，大枝弯曲扭转，小枝下垂，冠层可达

50 ~ 70 厘米厚，层内小枝易干枯（见彩图）。

◆**习性**：喜光，稍耐阴。能适应干冷气候。喜生于土层深厚、湿润肥沃、排水良好的沙质壤土。深根性，根系发达，抗风力强，萌芽力亦强，寿命长。

◆**分布**：沈阳以南、广州以北各地均有栽培，而以江南一带较多。河北、山东随处可见。

◆**园林用途**：龙爪槐观赏价值很高，自古以来，多对称栽植于庙宇等建筑物两侧，以点缀庭园。节日期间，若在树上配挂彩灯，则更显得富丽堂皇。若采用矮干盆栽观赏，使人感觉柔和潇洒。开花季节，米黄花序布满枝头，似黄伞蔽目，则更加美丽可爱。

◆**整形修剪**：龙爪槐的伞状造型若想达到理想的形状和大小，修剪至关重要，其中包括夏剪和冬剪，一年各一次。夏剪在生长旺盛期间进行，要将当年生的下垂枝条短截 2/3 或 3/4，促使剪口发出更多的枝条，扩大树冠。短截的剪口留芽必须注意留上芽（或侧芽），因为上芽萌发出的枝条，可呈抛物线形向外扩展生长（图3-32）。进行冬剪，首先要调整树冠，用绳子或铅丝改变枝条的生长方向，将临近的密枝拉到缺枝处固定住，使整个树冠枝条分布均匀。然后剪除病死枝以及内膛细弱枝、过密枝，再根据枝条的强弱将留下的枝条在弯曲最高点处留上芽短截。一般是粗壮枝留长些，细弱枝留短些。

道路两边的龙爪槐在定植后的前几年，可在路面上搭设棚架，将临近路径两侧的枝条引到棚架上，让其相向生长。几年之后，当枝条交织固定在一起时将搭设的棚架撤掉。这时，路上会出现一条绿色长廊，形成一道美观别致的风景。还可以在道路入口两侧各植一株龙爪槐，依上述方法整形修剪，也是一种很好的造型。

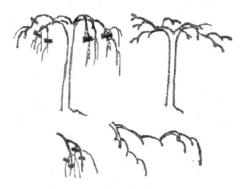

图 3-32　龙爪槐的整形修剪

十三、榆树

◆**特征**：落叶乔木，高达 25 米（见彩图）。单叶互生，卵状椭圆形至椭圆状披针形。花两性，早春先叶开花或花叶同放，紫褐色，聚伞花序簇生。翅果近圆形。花期 3～4 月；果熟期 4～5 月。

◆**习性**：阳性树种，喜光，耐旱，耐寒，耐瘠薄，不择土壤，适应性很强。根系发达，抗风力、保土力强。萌芽力强，耐修剪。生长快，寿命长。不耐水湿。具抗污染性，叶面滞尘能力强。

◆**分布**：我国东北、华北、西北、华东等地区均有分布。

◆**园林用途**：榆树是良好的行道树、庭荫树、工厂绿化、防护林和四旁绿化树种，唯病虫害较多，也是抗有毒气体（二氧化碳及氯气）较强的树种。

◆**整形修剪**：榆树的整形修剪和根部修剪如图 3-33、图

3-34 所示，如此反复修剪 4 ~ 5 年，即可达到成材高度，可停止修剪。

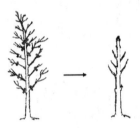

冬春季在发芽前短截顶梢，占株高的 1/3 ~ 1/4，短截超过主干直径 1/2 的侧枝，疏除密生枝

夏季修剪时选择健壮直立枝做主干延长枝，其余枝条短截，确保主干优势

图 3-33　榆树的整形修剪

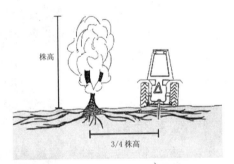

图 3-34　榆树根部修剪

十四、白杨

◆**特征**：落叶乔木，高达 30 米，树干通直，树皮灰绿至灰白色，皮孔菱形，老树基部黑灰色，纵裂（见彩图）。雄花序长 10 ~ 14 厘米，雄蕊 6 ~ 12；雌花长椭圆形，花

序长达 14 厘米。果圆锥形或长卵形,2 裂。花期 3 ~ 4 月,果期 4 ~ 5月,蒴果小。

◆**习　性**:强阳性树种。喜凉爽气候,在暖热多雨的气候下易受病害。对土壤要求不严,喜深厚肥沃的沙壤土,不耐过度干旱瘠薄,稍耐碱,pH8 ~ 8.5 时亦能生长,大树耐湿。耐烟尘,抗污染。深根性,根系发达,萌芽力强,生长较快,寿命是杨属中最长的树种,长达 200 年。

◆**分　布**:分布广,北起我国辽宁南部、内蒙古,南至长江流域,以黄河中下游为适生区。

◆**园林用途**:白杨树体高大挺拔,姿态雄伟,叶大荫浓,生长较快,适应性强,是城乡及工矿区优良的绿化树种。也常用作行道树、园路树、庭荫树或营造防本造防护林树;可孤植、丛植、群植于建筑周围、草坪、广场、水滨;在街道、公路、学校运动场、工厂、牧场周围均可栽植。

◆**整形修剪**:杨树幼林在郁闭前,林内光照条件尚好,则少修枝或不修枝,尽量保留大树冠,以增加光合面积,但必须疏除竞争枝,如果侧枝粗度与主干相近,先短截,待冬剪时疏除。杨树郁闭后,树干粗度 8 ~ 10 厘米,除去树冠下部垂死的枝条,杨树修剪应该掌握一个合理(最佳)的冠干比,树冠最好能占总高的 2/3 以上(黄金比例可能更好)。上部枝条只修去特粗的枝条及卡脖枝。对粗大枝要分两次修剪(先短截,冬剪时再疏除),以免伤口过大。同时要对密集枝(主干上侧枝相距不超过 25 厘米)、竞争枝(主干枝的双头枝或并生枝)及时进行处理,真正做到"轻修枝、留大冠、去竞争、保主干"(图 3-35)。

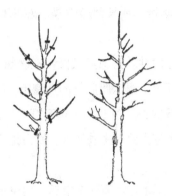

图 3-35　白杨的整形修剪

十五、水杉

◆**特征**：落叶乔木。小枝对生或近对生，下垂。叶交互对生，羽状二列。雌雄同株，每年 2 月开花，果实 11 月成熟（见彩图）。

◆**习性**：耐寒性强，耐水湿能力强，在轻盐碱地可以生长为喜光性树种，在长期排水不良的地方生长缓慢。

◆**分布**：目前除西藏外，各地均引种栽培。

◆**园林用途**：水杉树干通直挺拔，高大秀颀，叶色翠绿，入秋后叶色金黄，是著名的庭院观赏树。水杉可于公园、庭院、草坪、绿地中孤植，列植或群植，也可成片栽植营造风景林，并适配常绿地被植物；还可栽于建筑物前或用作行道树，效果均佳。水杉对二氧化硫有一定的抵抗能力，是工矿区绿化的优良树种。

◆**整形修剪**：水杉顶芽发达，有明显的中心主干，故年幼的树冠呈圆柱形，随着年龄的增长，逐渐形成广椭圆形。

　　幼苗定植后，要注意中心主干的顶端优势，如果其下周围的侧枝超过中心主干，必须及时削弱或除去。若侧枝粗度小于其着生位置中心主干的2/3，可从基部疏剪；若侧枝粗度大于其着生位置中心主干的2/3，则要先重短截，待翌年中心主干长粗后再从基部疏除。对于中心主干中下部生长的侧枝，每轮选择1~2个作为主枝，其他从基部疏除，使轮与轮之间交错分布，互不重叠（图3-36）。并且，要及时除去树冠内的枯死枝、细弱枝以及病虫害枝。

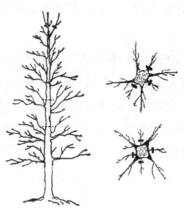

图3-36　水杉的整形修剪

十六、垂柳

　　◆**特征**：落叶乔木，小枝细长，下垂，淡紫绿色或褐绿色，无毛或幼时有毛。叶狭披针形或线状披针形（见彩图）。

　　◆**习性**：喜温暖至高温，日照要充足。耐旱，耐水湿，为湿生阳性树种。

喜生于河岸两旁湿地，短期水淹及顶不致死亡。高燥地及石灰质土壤也能适应。发芽早，落叶迟，生长快速，但不及旱柳耐寒。寿命短，30年后渐趋衰老。

◆**分布**：长江流域及以南各省区平原地区多有分布，华北、东北多有栽培。

◆**园林用途**：垂柳姿态婆娑，清丽潇洒，适于配植于池边湖岸，如间植花桃，则绿丝婀娜，红枝招展，尤为我国江南园林中的春景特色。适应性强，树形优美，多作庭园绿化树种。对二氧化硫、氯气等抗性弱，受害后有落叶和枯梢现象，不宜栽植于大气污染地区。

◆**整形修剪**：垂柳苗一般较高大，在定植前将1年生顶端短截，剪口留壮芽，短截强度掌握"壮则从轻，弱则宜重"即可。如果剪口附近有小枝，则应疏除3~4个。主干高度1/3以下的枝条全部剪掉。其上部枝条可选择2~3个健壮、错落分布的作为主枝，其余枝条健壮的要疏除，细弱的缓放。

第二年冬剪，中心主枝剪法如上年。在新梢中选择与第一层主枝错落分布的2~3个作为第二层主枝，并且短截先端。对上年选留的主枝短截，控制其直径不可超过主干直径的1/3，剪口留上芽。

以后几年修剪同上年，主枝维持在5个左右，干高达到一定高度时即可停止修剪（图3-37）。

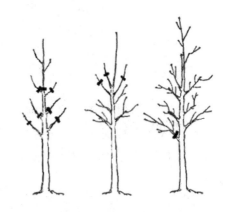

图3-37 垂柳的整形修剪

十七、合欢

◆**特征**：落叶
乔木，高 4 ～ 5
米。二回羽状复
叶，总叶柄近基
部及最顶一对羽

片着生处各有 1 枚腺体；羽片 4 ～ 12 对；小叶 10 ～ 30 对，长圆
形至线形。花序头状，伞房状排列，花淡红色（见彩图）。荚果线形，
扁平。

◆**习性**：喜温暖湿润和阳光充足的环境，对气候和土壤适应性强，
宜在排水良好、肥沃土壤中生长，但也耐瘠薄土壤和干旱气候。不
耐水涝。

◆**分布**：全国各地广泛栽培。

◆**园林用途**：树形姿势优美，叶形雅致，盛夏绒花满树，有色有香，
能形成轻柔舒畅的气氛，宜作庭荫树、行道树，种植于林缘、房前、
草坪、山坡等地，是行道树、庭荫树、四旁绿化和庭园点缀的观赏
佳树。

◆**整形修剪**：合欢萌芽力弱，不耐修剪。园林中的合欢，无论
是道旁树，还是孤植、群植，均宜采用自然开心形，整形步骤如下
（图 3-38）。

（1）冬季修剪　将幼苗短截先端至壮芽处。剪口下如有 1 年生
小枝，必须疏剪。主干中下部的侧枝，均要短截先端。翌年春天，
当剪口下萌发的侧枝长到 20 厘米左右时，选择一个生长健壮的作
为主干延长枝，其他的枝条均要短截，削弱其生长势。

（2）第二年和第三年冬剪　继续短截主干延长枝，适当疏除中

下部的辅养枝。在延长枝上方相应留下几层侧枝，作为新的辅养枝。

（3）第四年冬剪　当主干高达2米以上时根据具体情况定干。在主干一定高度处选择3个健壮、生长方向适宜的枝条，作为自然开心形的主枝，剪去其余枝条和多余主干。第五年主要对这3个主枝进行短截，促发生长侧枝。

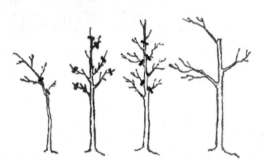

图3-38　合欢自然开心形的整形步骤

十八、西府海棠

◆ **特征**：落叶灌木或小乔木，高3～5米，花重瓣，淡红色，生于小枝顶端；果球状，直径1.5厘米，红色。花期3～4月，果期9月（见彩图）。

◆**习性**：耐寒喜阳，耐旱忌涝，在干燥地带生长良好。

◆**分布**：我国辽宁、河北、山西、山东、陕西、甘肃、云南等地均有栽培。

◆**园林用途**：孤植、列植、丛植均极美观，最适宜植于水滨及庭院。

◆**整形修剪**：类似梅花，西府海棠一般也采取自然开心形的整形方式，或利用基部分枝形成丛生形。

西府海棠修剪分为冬剪和夏剪两个时期。夏剪是在花后5月将全部新梢短截1/3。6～7月疏除交叉枝、下垂枝、过密枝等。冬剪主要是维持适宜的株形，对于徒长枝可留基部2～3个芽重剪（图3-39）。西府海棠新梢的修剪如图3-40所示。

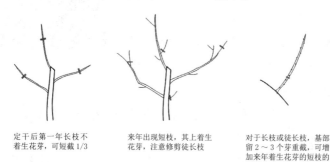

定干后第一年长枝不着生花芽，可短截1/3

来年出现短枝，其上着生花芽，注意修剪徒长枝

对于长枝或徒长枝，基部留2～3个芽重截，可增加来年着生花芽的短枝的数量

图3-39　西府海棠的整形修剪

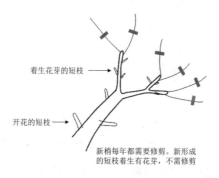

着生花芽的短枝 →

开花的短枝 →

新梢每年都需要修剪。新形成的短枝着生有花芽，不需修剪

图3-40　西府海棠新梢的修剪

十九、玉兰

◆**特征**：落叶乔木，高2～5米。树冠卵形或近球形。花大，纯白色，芳香，花萼、花瓣相似，共9片（见彩图）。花先叶开放，

花期 3 ~ 4 月，持续 10 天左右。

◆**习性**：喜温暖、向阳、湿润而排水
良好的地方，有较强耐寒能力。喜肥沃、
湿润、排水良好的中性或偏酸性土壤。

◆**分布**：原产我国中部各省，现北京
及黄河流域以南均有栽培。

◆**园林用途**：常对植于庭园堂前，孤
植点缀中庭或与常绿针叶树混植，作前景树。

◆**整形修剪**：

（1）幼树的整形修剪　玉兰幼树期不需要特殊的整形，注意以
下两点即可。

① 每年冬季修剪时，对主干先端附近的侧芽于早春抹除；或
者对先端竞争枝在夏季进行控制修剪，以削弱其生长势。

② 主干上的枝条可适当多留，作为主枝培养。轻截枝条前端，
剪口留外芽，使枝条向外扩展。

以上两点的目的是促进幼树的高生长。

（2）成年树的整形修剪　园林中应用的玉兰幼时采用自然圆锥
形，成年后改为自然圆头形。

定植后的玉兰，干高一般不宜小于整个树体高度的 1/3。修剪
期应选在开花后及大量萌芽前。对于树冠内过密的弱小枝，可以
适当疏剪，同时清除各种病枯枝、杂枝、平行枝与徒长枝，平时
应随时去除根蘖（图 3-41）。剪枝时，短于 15 厘米的中等枝和短
枝一般不剪，一年生长枝剪短至 12 ~ 15 厘米（容易促进中、短
枝条大量发生，增加花量），剪口要平滑、稍微倾斜，剪口距芽应
小于 5 毫米。由于玉兰的枝干愈合能力较差，除非十分必要，冬
季多不进行修剪。

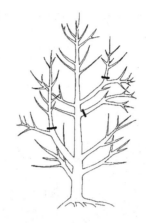

图 3-41　玉兰非主干直立枝（右）和顶端竞争枝（左）的修剪

二十、梅花

◆**特征**：落
叶小乔木，高可
达 10 米，枝常
具刺。观赏类梅
花多为白色、粉
色、红色、紫色、
浅绿色(见彩图)。

中国西南地区 12 月至次年 1 月,华中地区 2 ～ 3 月,华北地区 3 ～ 4
月先叶开花。

◆**习性**：对土壤要求不严，喜湿怕涝，较耐瘠薄。阳性树种，
喜阳光充足，通风良好。

◆**分布**：原产中国西南部，现广泛分布于全国各地。

◆**园林应用**：在园林中可孤植、列植、配植或片植、丛植。

◆**整形修剪**：梅花低矮的株形便于观赏，因此梅花常用的整形方

式有自然开心形（图 3-42）、不规则形（图 3-43）和垂枝形（图 3-44）。

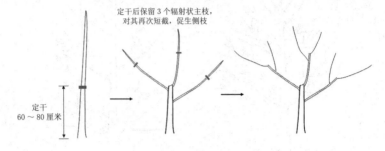

图 3-42　梅花自然开心形的整形

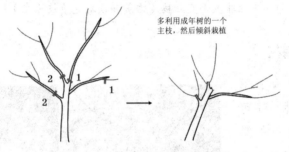

图 3-43　梅花不规则形的整形

1—疏剪；2—短截

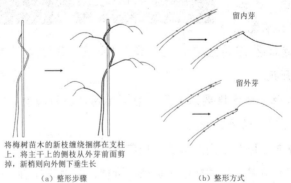

（a）整形步骤　　　　　　　　　（b）整形方式

图 3-44　垂枝梅的整形

梅花萌芽力强，耐重修剪，花芽于7～8月分化，短枝条会大量着生花芽。修剪时期一般为现蕾前的冬季、花后及新梢生长的夏季，分3次进行。冬季修剪主要是整形和疏剪掉过长过密枝。花后修剪主要是短剪掉枝条的1/3，促进来年花枝的生长（图3-45）。夏剪目的是去除徒长枝、逆向枝和弱枝（图3-46）。

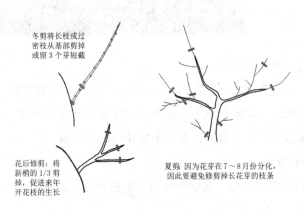

冬剪将长枝或过密枝从基部剪掉或留3个芽短截

花后修剪：将新梢的1/3剪掉，促进来年开花枝的生长

夏剪 因为花芽在7～8月份分化，因此要避免修剪掉长花芽的枝条

图3-45 梅花的修剪

对于徒长枝，一般基部留5个芽左右短截，来年可培育出着生花芽的短枝条

枝条随着生长，开花部位上移，对于5～6年生枝条可回缩修剪，促使短枝形成，开花部位下移

图3-46 梅花徒长枝的修剪

二十一、碧桃

◆**特征**：落叶小乔木，高可达8米，一般整形后控制在3～4

米（见彩图）。花
期4～5月。

◆**习性**：喜
光、耐旱，要求
土壤肥沃、排水
良好。根系较浅，
寿命短。耐寒能
力不如果桃。忌低洼积水。

◆**分布**：原产中国，分布在西北、华北、华东、西南等地。

◆**园林用途**：适合于湖滨、溪流、道路两侧和公园布置，也适合小庭院点缀和盆栽观赏，还常用于切花和制作盆景。

◆**整形修剪**

（1）幼树整形修剪　碧桃干性弱，树形开张，园林中一般采取杯形或自然开心形（图3-47）。

①定干：根据栽培环境和整形要求，选择20～40厘米或50～100厘米截顶，剪口留壮芽。

②选留方向、角度适宜的健壮枝条做主枝，其余枝条短截到10～15厘米。

③主枝新梢长50厘米时，短截到45厘米，促二次枝萌发，培养第一侧枝。

④冬剪时，第一侧枝留40厘米摘心，疏除影响主侧枝的旺盛枝、交叉枝和竞争枝等。主侧枝适当短剪部分枝条，培养枝组。

第二年和第三年继续培养各主侧枝，抑强扶弱，平衡主侧枝的长势，选留第二和第三侧枝，注意培养开花枝组（图3-48）。

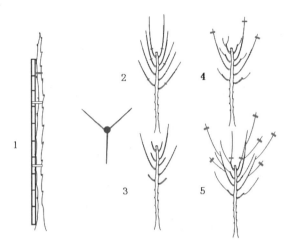

图 3-47　碧桃整形步骤

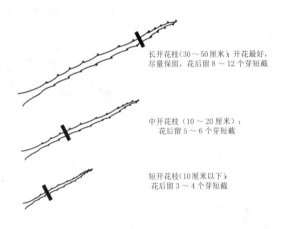

长开花枝（30～50厘米）开花最好，尽量保留，花后留 8～12 个芽短截

中开花枝（10～20厘米）：花后留 5～6 个芽短截

短开花枝（10厘米以下）花后留 3～4 个芽短截

图 3-48　碧花枝的修剪

（2）成年树修剪　成年碧桃，要不断回缩修剪，控制均衡各级枝的长势，通过疏剪使其分布合理，保持健壮圆满树形。花后应及时疏除交叉枝、细弱枝、病枯枝、伤残枝及不必要的徒长枝（图3-49）。

单干性品种：正常的修剪一般
3～4年1次，把小枝和过密
枝条疏剪，保持通风透光

垂枝品种：枝和枝之间
的间隔距离要求大，老
枝一般间隔2～3年回
缩更新为新枝，对新枝
进行短截，增加发枝量

图 3-49　碧桃整形修剪

二十二、柿

◆**特征**：落叶乔木，高10米以
上（见彩图）。花单生或聚生于新生
枝条的叶腋中（图3-50），花期5～6
月，果熟期9～10月。

◆**习性**：强阳性树种，耐寒。喜
湿耐旱，忌积水。根系强大，吸水、
吸肥力强，也耐瘠薄，适应性强。更
新和成枝能力很强，而且更新枝结果快、坐果牢、寿命长，抗污染
性强。

◆**分布**：现全国各地广为栽培。

◆**园林用途**：树形优美，枝繁
叶大，是园林中观叶、观果又能结
合生产的优良树种。可做园景树和
行道树。

◆**整形修剪**：柿树整形修剪一
般在冬季进行。柿树大多数品种可

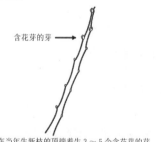

含花芽的芽 →

在当年生新枝的顶端着生3～5个含花芽的芽

图 3-50　柿的芽

整形为主干疏层形，少数品种可整形为自然开心形。

（1）幼树的整形修剪　图 3-51 所示为主干疏层形整形步骤，株高应控制在 6 ～ 7 米，必要时可落头。

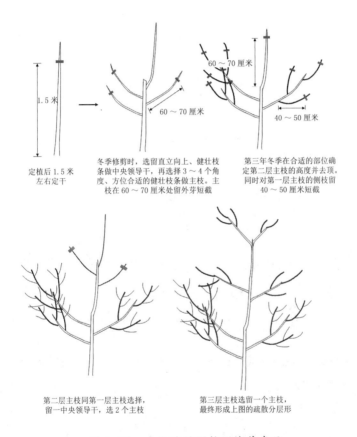

定植后 1.5 米
左右定干

冬季修剪时，选留直立向上、健壮枝条做中央领导干，再选择 3 ～ 4 个角度、方位合适的健壮枝条做主枝。主枝在 60 ～ 70 厘米处留外芽短截

第三年冬季在合适的部位确定第二层主枝的高度并去顶。同时对第一层主枝的侧枝留40 ～ 50 厘米短截

第二层主枝同第一层主枝选择，留一中央领导干，选 2 个主枝

第三层主枝选留一个主枝，最终形成上图的疏散分层形

图 3-51　主干疏层形整形修剪步骤

（2）成年树的修剪　原则是疏剪和短截相结合。

结果枝结果后比较衰弱，因此应疏剪掉结果枝（图 3-52）。结果母枝的修剪如图 3-53 所示。主枝的更新和衰老树的更新分别如图 3-54 和图 3-55 所示。

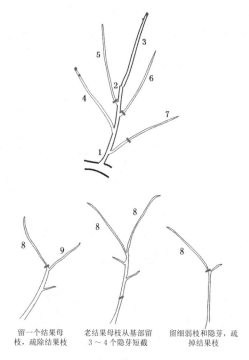

留一个结果母　　老结果母枝从基部留　　留细弱枝和隐芽，疏
枝，疏除结果枝　　3～4个隐芽短截　　掉结果枝

图 3-52　结果枝的修剪

1—上年修剪的徒长枝；2—上年修剪的徒长枝的截口；3, 4—优良结果母枝留用；5, 6—过密和纤弱的生长枝疏剪；
7—可利用的生长枝留基部 3～4 芽短截；8—结果枝；9—结果母枝

为保证结果的连续性和稳定性，修剪时应把一部分结果母枝短
截，培养为更新母枝。

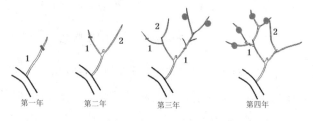

第一年　　　　第二年　　　　第三年　　　　第四年

图 3-53　结果母枝的修剪

1—更新母枝；2—结果母枝

大枝下垂表明枝条已衰老，需回缩更新，一般在如图（图3-54）大枝背部，可促发健旺枝条，抬高枝条角度，完成更新。

图 3-54　主枝的更新修剪

50 年以上的老树，一般需要回缩更新，一般在 5 ~ 7 年生部位回缩。根据情况不同，可选择一次完成或逐年回缩更新。

图 3-55　衰老树的更新

二十三、苹果

◆**特征**：落叶乔木。椭圆形树冠。叶卵形或椭圆形。花白色带红晕（见彩图）。果大，7 ~ 11 月成熟。

◆**习性**：喜光，适宜冷凉及干燥的气候和深厚肥沃、排水良好

的土壤。

◆**分布**：主要分布在我国北方地区。

◆**园林用途**：园林绿化中观花、观果的优良树种，可做行道树和园景树，孤植、列植均可。

◆**整形修剪**：苹果树如同柿树，大多采取疏散分层形（图 3-56）的整形方式。一般经过 4 年左右，形成基本的树体结构。

图 3-56　苹果树疏散分层形

（1）幼树的整形修剪　主要任务是选留和培养骨干枝，安排树体骨架迅速扩大树冠，同时要充分利用辅养枝缓和树势，促使其早结果、早丰产。原则是因树修剪，随枝整形、轻剪少疏、多留枝。幼树的整形修剪（图 3-57）应注意以下几点。

① 树体整形　苗木定植后，地上 50 ~ 70 厘米饱满芽处定干。当年冬剪时选择第一层 3 个主枝和中心领导干，长枝一律轻截或中截，第二年春拉开主枝角度到 60°~ 80°。从第二年冬剪开始，每年按整形的要求选留主侧枝和二层主枝，第二层 2 个主枝，第三层 1 个；1 ~ 2 层间距 60 ~ 70 厘米，2 ~ 3 层间距 50 ~ 60 厘米，层内距 15 ~ 20 厘米；各枝开张角度 60°~ 80°，树高 3 ~ 4 米。

4 年后，树形基本形成，及时疏除过密、过强的徒长枝及背上枝。

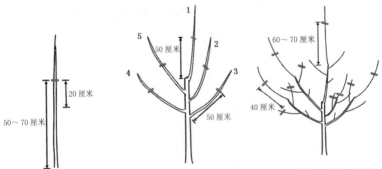

定干：注意剪口下 20
厘米内应有 5～8 个
饱满芽，其余芽抹除

定干当年冬剪：剪口下选留直立、
强旺枝做中央领导干，下方选择 3
个健壮、角度合适的枝条做主枝

定干后第二年冬剪：主枝延
长枝留 40 厘米短截，中央领
导枝留 60～70 厘米短截

图 3-57　苹果树疏散分层形的整形步骤

1—中央领导干；2—辅养枝；3—第一主枝；4—第二主枝；5—第三主枝

② 轻剪长放，充分利用辅养枝。

③ 开张主枝角度（图 3-58）。

初果期应继续开张枝条角度，除了拉枝、拿枝等技术，对于多
年生主侧枝可采取换头的方法来开张角度。

图 3-58　开张角度

1—原枝头；2—外围侧枝

④ 培养好结果枝组：一种是先放后缩法（图 3-59），此方法
适于萌芽率高、短枝结果为主的品种。另一种是先截后放法（图

3-60），适于萌芽率高的品种。针对不同类型的品种可采用适当的方法，中截挖心法（图 3-61）适于萌芽率较低的品种，重截挖心法（图 3-62），适于母枝较弱的营养枝。

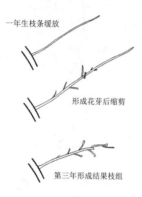

一年生枝条缓放

形成花芽后缩剪

第三年形成结果枝组

图 3-59 先放后缩法

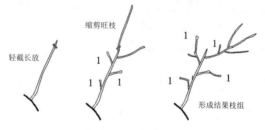

轻截长放

缩剪旺枝

1

1 1

1 1 1

1 1

形成结果枝组

图 3-60 先截后放法

1—结果枝

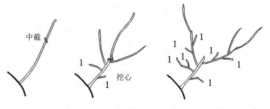

中截

1

挖心

1

1 1

1 1 1

1 1

图 3-61 中截挖心法

1—结果枝

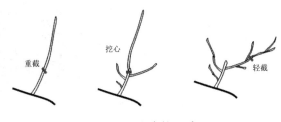

图 3-62 重截挖心法

进入初果期的苹果树应以适当轻剪为主，中心干达到一定高度后，逐步落头，用最后一个主枝取代中心干，控制株高。

（2）成年苹果树的修剪 在以地下土、肥水为主的基础上修剪主要解决以下三方面的问题。

① 改善树体光照。

② 培养更新复壮枝组。

③ 调整适宜的花枝比例（图 3-63）。

盛果期的苹果树修剪以维持树势，调节生长和结果的矛盾，防止大小年现象为原则。

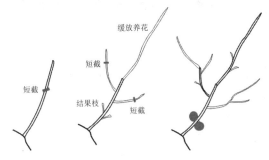

图 3-63 成年苹果树花、果、枝三套枝枝组的培养

二十四、枣树

◆ **特征**：落叶乔木，高可达 10 米，树冠卵形。枝条分枣头、

枣股和枣吊三种类型。叶卵形至卵状长
椭圆形（见彩图）。5～6月开花，聚
伞花序腋生，花小，黄绿色（图3-64）。
核果卵形至长圆形，8～9月果熟。

◆**习性**：喜光，好干燥气候。耐寒，
耐热，又耐旱涝。对土壤要求不严，除沼泽地和重碱性土外，平原、
沙地、沟谷、山地皆能生长，对酸碱度的适应范围在 pH5.5～8.5，
以肥沃的微碱性或中性沙壤土生长最好。根系发达，萌蘗力强。耐
烟熏。不耐水雾。

图 3-64　枣树花

◆**分布**：在中国分布很广，自东北南部至华南、西南，西北到
新疆均有，而以黄河中下游、华北平原栽培最普遍。

◆**园林用途**：枣树枝梗劲拔，翠叶垂荫，果实累累。宜在庭园、
路旁散植或成片栽植，亦是结合生产的好树种。其老根古干可作树
桩盆景。

◆**整形修剪**：枣树通常整形为疏散分层形和自然开心形（图
3-65）。

① 疏散分层形：全树主枝7～9个，分为3层。

② 自然开心形：无明显的中心干，主枝5～6个，以

30° ～ 40° 向外延伸，错落着生在主干上，上下主枝并不重叠。

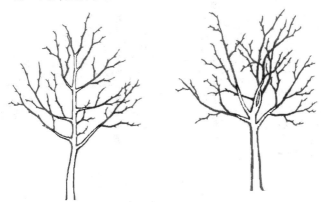

图 3-65　枣树疏散分层形（左）和自然开心形（右）

（1）幼树修剪　通过定干（图 3-66）、摘心、刻芽和短截，促进分枝，扩大树冠。3 月中、下旬发芽前定干，按定干高度剪除顶梢，并疏去剪口下第一个二次枝。

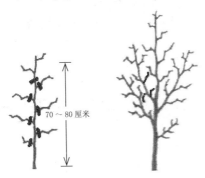

70 ～ 80 厘米

图 3-66　定干

（2）结果期修剪　采用疏缩结合的方法，疏除下垂枝、交叉枝，控制结果部位外移（图 3-67），维持树势。

（3）衰老期修剪　根据衰老程度进行回缩更新修剪（图 3-68），促进隐芽萌发。

6月下旬至7月上旬，新生枣头停长前，对选留的各枝留70～80厘米摘心

将剪口下3～4个二次枝疏除

1　　　　　　2

图 3-67　摘心

1—夏剪；2—冬剪

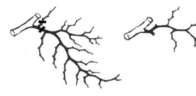

图 3-68　枝条的重截回缩

第三节　常绿花灌木

一、桂花

◆**特征**：常绿灌木或小乔木，株高4～6米（见彩图）。桂花分枝性强且分枝点低，特别在幼年尤为明显，可灌木状栽培。

花期9～10月。

◆**习性**：桂花喜温暖环境，不耐干旱瘠薄，喜阳光，但有一定的耐阴能力。幼树时需要有一定的蔽荫，成年后要求有相对充足的光照，才能保证桂花的正常生长。

◆**分布**：现广泛栽种于淮河流域及以南地区，北方地区可盆栽。

◆**园林用途**：桂花一般作为行道树、林带及水边等绿化栽培或作为树墙，亦可绿篱栽培。

◆**整形修剪**：花芽一般着生在新枝顶端叶腋处，老枝和干上也可形成花芽，但数量不多。桂花忌重剪，一般培育成自然株形（图3-69）。

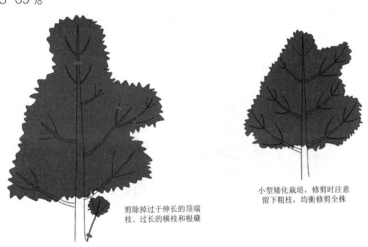

剪除掉过于伸长的顶端枝、过长的横枝和根蘖

小型矮化栽培，修剪时注意留下粗枝，均衡修剪全株

图3-69　孤植的桂花整形修剪方法

为了着花良好和保持树势，要避免夏季修剪。整形最好在3月左右进行，花后对徒长枝修剪（图3-70）。用作绿篱的桂花整形修剪方法如图3-71所示，对于多干球形和绿篱应用来说，在加强管理的基础上，对徒长枝进行修剪就可完成好整形工作。

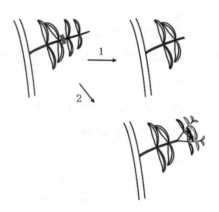

图3-70 桂花枝条修剪

1—初夏以后修剪着花不好；2—冬季或初春修剪，新枝上花芽着生良好

图3-71 用作绿篱的桂花整形修剪方法

二、瑞香

◆**特征**：常绿灌木。小枝带紫色，树冠圆球形。叶互生，长椭圆形至倒披针形，表面深绿色，全缘。花两性，白色或淡红紫色，顶生头状花序，密生成簇，花期3～4月（见彩图）。其变种有：毛瑞香，花瓣外侧有绢毛；金边瑞香，叶边缘金黄色，花淡紫色，

花瓣先端 5 裂，香味浓；蔷薇红瑞香，花淡红色。

◆**习 性**：性喜阴，怕强光，怕台风，怕高温、高湿，不耐寒。适宜排水良好的酸性土壤。喜阴凉、通风良好的环境。压条、扦插繁殖。

◆**分 布**：瑞香原产中国和日本，分布于长江流域以南各省区，江西省赣州市将其列为"市花"。

◆**园林用途**：枝丛生，整株造型优美，四季常绿，早春开花，香味浓郁，观赏性较高。在公园、庭园中与假山、岩石、树丛相配置，也可作花坛、花台主景或点缀草坪，还是盆栽制作盆景的好材料。

◆**整形修剪**：萌芽力强，耐修剪，易造型。3 月花后将残花剪去。在枝顶端的 3 枚芽发育成 3 个新枝，第二年 7 ~ 8 月花芽在顶端发育（图 3-72）。花后可回缩修剪，创造球形树冠。突出的 3 小枝，可剪去中间 1 枝，再根据分枝方向的需要回培修剪 1 枝的 1/2，保留小枝基部 1 ~ 2 芽（图 3-73）。

花后将要长出的新梢

去年3月开花状态 ⇨

图 3-72　瑞香花后修剪

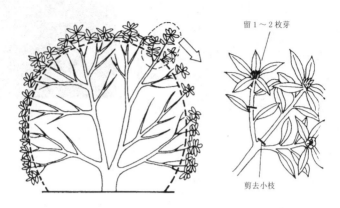

图 3-73 瑞香花后回缩修剪

　　春季开花之后，可将衰老的枝从基部剪除，其根基还会长出很多新生枝。

三、八角金盘

　　◆**特征**：常绿灌木，丛生状球形冠，5～9裂大形掌状叶互生。伞形球状花序，花白色，两性，顶生，花期 10～11 月（见彩图）。主要品种有白边八角金盘、黄纹八角金盘、黄斑八角金盘、裂叶八角金盘、波缘八角金盘、白斑八角金盘。

　　◆**习性**：性喜阴，耐湿，喜温暖、湿润气候，怕干旱、酷热、强光。扦插、播种繁殖。

　　◆**分布**：产自我国台湾及日本，适合我国南方庭园栽植。

　　◆**园林用途**：叶大、奇特而光亮，金黄色的边，是园林中优良的观赏树种。适于庭园、天井等庇荫处或在乔木下立体绿化配植，也可盆栽点缀室内。对有害气体有较强的抗性，适于工厂绿化。

◆**整形修剪**：6～7月、11～12月修剪。丛枝性，枝从地面长出。梅雨季易萌芽，5～6月从基部剪除老叶、黄叶；4～6月生长势较强，上面叶子长成后，下面的叶子已变弱变黄，生长结束，高度已定，剪除枝叶；分枝性能差，因此，可将过高的枝从基部或从地面以上剪去；在干的中部，剪去叶芽的上方，可促使植株矮化、枝叶小化（图3-74、图3-75）。

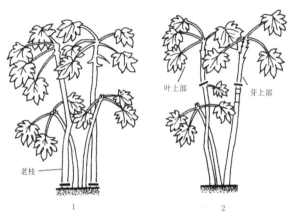

图3-74　八角金盘干的修剪

1—老枝的修剪；2—干的中部修剪

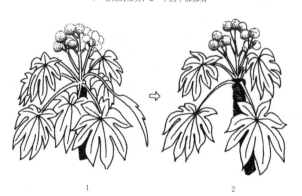

图3-75　摘叶

1—摘叶前；2—摘叶后

四、枸骨

◆**特征**：常绿乔灌木或小乔木，树冠球形。树皮灰白色，平滑。叶革质，形状多变，有锯齿，表面深绿色、有光泽，背面淡绿色。12月至翌年1月叶色有变化，光照部分叶色变红，庇荫处叶鲜绿。雌雄异株，聚伞花序，4～5月开黄绿色小花。核果球形，成熟后鲜红色，果期10～11月（见彩图）。

◆**习性**：喜阳光充足、温暖的气候环境，但也能耐阴。适宜肥沃、排水良好的酸性土壤。

◆**分布**：分布于长江中下游地区各省，生于山坡谷地灌木丛中。现各地庭园常有栽培。

◆**园林用途**：可作花园、庭园中花坛、草坪的主景树，更适宜制作绿篱、分隔空间。

◆**整形修剪**：生长慢，萌发力强，耐修剪。花后剪去花穗，6～7月剪去过高、过长的枯枝、弱小枝、拥挤枝，保持树冠生长空间，促使周围新枝萌生。3～4年可整形修剪一次，创造

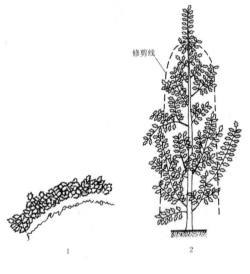

修剪线

1　　　　2

图 3-76　枸骨不同冠形的修剪

1—株形冠整形修剪；2—圆柱状树冠的整形

优美的树形（图 3-76）。

五、石楠

◆**特征**：常绿灌木或小乔木（见
彩图）。全株无毛，小枝灰褐色，芽卵
圆形。叶革质，单叶互生，长椭圆形，
顶端渐尖，基部圆形，边缘有密而尖
锐的细锯齿。幼叶红色，后渐变为绿
色而具光泽。伞房花序顶生，花小，
白色。果实球形,红色。花期 5 ~ 7 月，
果熟期 9 ~ 10 月。

◆**习性**：石楠为亚热带树种，阳性树，也耐阴。喜欢肥沃、湿润、
土层深厚、排水良好的壤土或沙壤土。耐寒，在山东等地能露地栽
培越冬。萌芽力强，耐修剪整形。

◆**分布**：主产长江流域及秦岭以南地区，华北地区有少量栽培。

◆**园林用途**：树冠圆整，叶片光绿，初春嫩叶紫红，春末白花点点，
秋日红果累累，极富观赏价值，是著名的庭院绿化树种，抗烟尘和
有毒气体，且具隔音功能。

◆**整形修剪**：枝条细、萌发力强的植株，应进行强修剪和疏除
部分枝条，以增强树势；对那些萌生力弱而又粗壮的枝条，应进行
轻剪，促使多萌发花枝。

如树冠较大，在主枝中部选合适的侧枝代替主枝。重修剪强壮
枝条，将二次枝回缩修剪，以侧枝代替主枝，缓和树势；短修剪弱
小枝条，留 30 ~ 60 厘米。

如树冠不大，应短剪一年生的主枝。

花后，5 ~ 7 月石楠生长旺盛，应将长枝剪去，促使叶芽生长。

冬季，以整形为目的，剪去那些密生枝，保持生长空间，促使新枝发育（图3-77）。

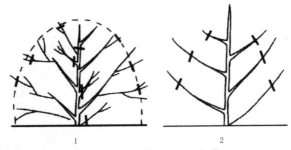

图 3-77　石楠的整形修剪

1—冬季修剪；2—夏季（5～7月）修剪

六、栀子花

◆**特征**：常绿灌木。枝丛生，干灰色，小枝绿色。叶大，对生或三叶轮生，有短柄，革质，倒卵形或矩圆状倒卵形，先端渐尖，色深绿，有光泽，托叶鞘状。6月开大型白花，重瓣，具浓郁芳香，有短梗，单生于枝顶（见彩图）。

◆**习性**：喜温暖、湿润环境，不甚耐寒。喜光，耐半阴，但怕暴晒。喜肥沃、排水良好的酸性土壤，在碱性土栽植时易黄化。萌芽力、萌蘖力均强，耐修剪更新。

◆**分布**：我国中部及中南部都有分布，越南与日本也有分布。

◆**园林用途**：栀子花终年常绿，且开花芬芳香郁，是深受大众喜爱、花叶俱佳的观赏树种，可用于庭园、池畔、阶前、路旁丛植或孤植，也可在绿地组成色块。开花时，望之如积雪，香闻数里，人行其间，芬芳扑鼻，效果尤佳。也可作花篱栽培。

◆**整形修剪**：9月二次新梢发育花芽，待第二年开花。花谢后，如整形修剪，只能疏剪伸展枝、徒长枝、弱小枝、斜枝、重叠枝、枯枝等，但要保持整株造型完整。如将新芽剪掉，第二年开花会减少。

为了增加花朵的数量，6月应及时短截已开过的花枝，留基部2～3节，以防止花后结实消耗营养。当新枝长出3节后及时摘心，同时除去1～2枚侧芽，留下1～2枚让其抽生二级侧枝。8月份二级侧枝新梢长到15厘米左右时，再次摘心，防止其加长生长，第二年春季这些侧芽萌生出的新枝即可开花（图3-78）。

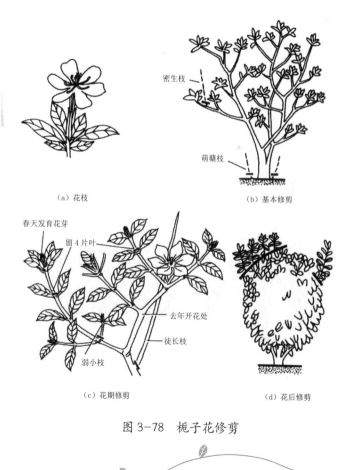

（a）花枝

密生枝

萌蘖枝

（b）基本修剪

春天发育花芽

留4片叶

去年开花处

徒长枝

弱小枝

（c）花期修剪

（d）花后修剪

图3-78 栀子花修剪

七、夹竹桃

◆ **特征**：常绿大灌木，高达5米，花似桃，叶像竹，一年四季，常青不改（见彩图）。花期6～10月，花着生于当年新梢。

◆ **习性**：夹竹桃生长能力较强，易成活，喜温暖及阳光充足的环境，耐旱，较耐寒；喜肥怕积水，土壤适应性强，适宜沙质壤土，能耐碱性土。栽植时应选择地势较高、不易积水处。

◆ **分布**：长江以南可露地栽培，北方只可盆栽。

◆ **园林用途**：庭荫树、行道树、绿篱等。

◆ **整形修剪**：一般采取自然株形（图3-79），可使茎干部简洁。花芽随气温上升着生于新梢，无用枝原则上从任何部位均可修剪，老枝应从基部剪除（图3-80）。

单干形：把从基部长出的枝条剪掉，防止丛生，主枝选留注意角度，3～5个主枝，轮生枝交替疏掉

丛生形：丛生形干要求不多，需早些修剪。一般把老枝、生长差的枝和扰乱株形的枝疏除，有利通风透光

图3-79 夹竹桃的整形方式

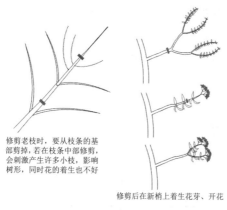

修剪老枝时，要从枝条的基部剪掉，若在枝条中部修剪，会刺激产生许多小枝，影响树形，同时花的着生也不好

修剪后在新梢上着生花芽、开花

图 3-80 夹竹桃的修剪方法

第四节 落叶花灌木

一、腊梅

◆**特征**：落叶灌木，高可达 4 ~ 5 米。常丛生。冬末先叶开花，花单生于一年生枝条叶腋，花期 12 ~ 翌年 3 月，是冬季观赏的主要花木（见彩图）。

◆**习性**：喜阳光，耐阴、耐寒、耐旱，忌渍水。

◆**分布**：主要分布于黄河流域以南地区，全国各地均有栽培。

◆**园林用途**：作为丛生花灌木为街道绿化所用，也可以培育成小乔木作为行道树种，也可片植、群植或孤植。

◆**整形修剪**：腊梅一般实生苗修剪为丛生型，嫁接苗修剪成单干型。

园林中小乔木较多采用自然开心形树冠结构，丛植可放低主干高度。

（1）幼树整形修剪　主干上所留的中短枝，只是作为辅养枝和临时开花枝，当主干长高长粗，树冠形成后，就会逐渐疏除（图3-81）。

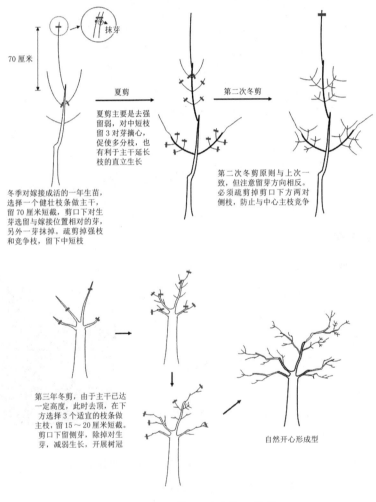

图 3-81　腊梅幼树的整形修剪

（2）成年树整形修剪

① 主枝修剪：树冠成型后，注意主枝间的长势要平衡，主枝延长枝的修剪原则是"抑强扶弱"，即对强枝摘心或剪梢，抑制其生长势；对弱枝则可绑缚，使其垂直向上生长，增强其生长势。长势平衡后，再解除措施（图3-82）。

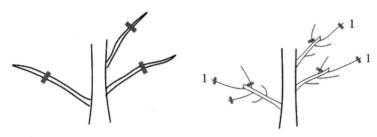

图 3-82　腊梅主枝的修剪

1—主枝的延长枝，扩大树冠

② 侧枝修剪：对于每个主枝上的侧枝，要求从下向上逐渐缩短，错落配置，这样受光均匀，可避免下部侧枝枯萎死亡。侧枝修剪原则是"抑强扶弱"，保持枝条的长势不强不弱，这样才能多生开花枝（图3-83）。

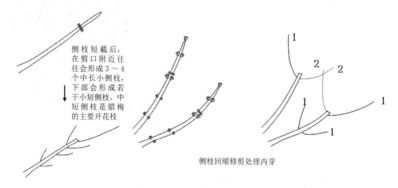

侧枝短截后，在剪口附近往往会形成3～4个中长小侧枝，下部会形成若干小短侧枝，中短侧枝是腊梅的主要开花枝

侧枝回缩修剪处理内芽

图 3-83　腊梅侧枝的修剪

1—新芽生长出的新枝条；2—两个内向芽枝条会交叉，因此疏掉两个内向芽

③ 徒长枝修剪：徒长枝若由根部长出，可直接疏除。对于嫁接口上部的徒长枝可适当利用。可利用徒长枝改造为开花枝条，或者利用徒长枝，如幼树整形方式，逐步去掉老树冠，培养新树冠（图 3-84）。

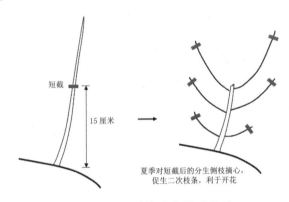

短截

15 厘米

夏季对短截后的分生侧枝摘心，
促生二次枝条，利于开花

图 3-84　腊梅徒长枝的修剪

二、紫薇

◆**特征**：中国原产，落叶小乔木或灌木，高 3 ~ 7 米，树皮易脱落，树干光滑，花期 6 ~ 9 月，是极具观赏价值的树种（见彩图）。

◆**习性**：喜光，稍耐阴；喜温暖气候，耐寒性不强；喜肥沃、湿润而排水良好的石灰性土壤，耐旱，怕涝。萌蘖性强，生长较慢，寿命长。

◆**分布**：全国各地普遍栽培。

◆**园林用途**：常植于建筑物前、院落内、池畔、河边、草坪旁及公园中小径两旁均很相宜，也是做盆景的好材料。

◆**整形修剪**：紫薇耐修剪，可形成不同株形（图 3-85），一般整形为自然开心形，不要中央领导干（图3-86）。花芽由一年生枝条顶端的顶芽分化形成，可对二年生枝条短截，促进侧枝增多，增加花量（图3-87）。花后短截，可促使剪口芽萌发，再次开花。花后及时剪除残花，防止秋后结果，消耗营养。

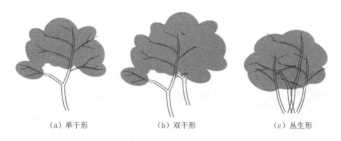

（a）单干形　　　　　　　（b）双干形　　　　　　　（c）丛生形

图3-85　紫薇的不同株形

定干

0.4米

图3-86　自然开心形

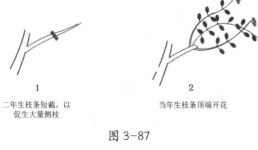

1

二年生枝条短截，以
促生大量侧枝

2

当年生枝条顶端开花

图3-87

3
花开败后，及时剪除残花，促进剪口
下侧芽的萌发，形成侧枝，重新开花

4
新的侧枝重新开花，花量增加

图 3-87　通过修剪增加紫薇花量

图 3-88　错误的修剪（左）和正确的修剪（右）

　　在北方严寒地区，紫薇冬剪应注意防止剪口受冻，适当推迟在春季萌芽前修剪，对一年生枝条留5厘米全部剪除。注意枝条要错落有致，形成圆球形树冠，防止"大平头"（图3-88左）。

　　对紫薇而言，重剪会刺激枝条和花芽的大量发生（图3-89），但是这些新梢长而且弱，不能承载花的重量，常常导致枝条折断。

图 3-89　紫薇重截

紫薇只有采用正确的整形方式才能形成良好树形（图 3-90 ）。

紫薇适宜的整形修剪方式　　　　　　　紫薇不适宜的整形修剪方式

修剪前的紫薇，需要剪　　　　　　许多修剪者常采取的
除掉枯死枝和衰弱枝　　　　　　　错误的修剪方式

适宜修剪后，紫薇主侧枝　　　　　不适宜修剪后，遗留大量的
分配适宜，冠形优美　　　　　　　衰弱枝、徒长枝等

适宜修剪后，树冠优　　　　　　不适宜修剪后，失去了原
美、充满活力　　　　　　　先的优美冠形，花量稀少

图 3-90　紫薇的修剪

三、丁香

◆**特征**：落叶灌木或小乔木，圆球形树冠，高 4 ~ 5 米。花期 4 ~ 5
月（见彩图）。

◆**习性**：温带及寒带树种，喜光，稍耐阴，喜好肥沃湿润土壤，
适应性强，较耐旱。忌低湿积水，抗寒性强。

◆**分布**：全国
广泛分布。

◆**园林用途**：
行道树、庭荫树、
孤赏树。

◆**整形修剪**：

丁香生命力强，一年中可多次修剪，随时剪除无花芽的徒长枝和衰弱的下垂枝及根蘖等无用枝条。枝条多，可交互疏剪掉对生枝，株形会干净利落。

丁香的花芽在夏季形成，应避免夏季修剪枝条顶端（图 3-91）。

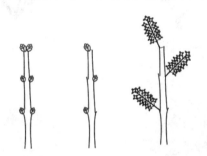

丁香花芽对生，从枝条先端对花芽交互抹芽，可使
花序变大，新枝易发生

花后修剪：过长的枝应
将残花和花轴一并剪除

落叶期修剪：疏剪掉徒长枝、
枯枝等不需要的枝条。根蘖枝
要及早剪掉，防止削弱树势

图 3-91　丁香的整形修剪

四、紫荆

◆**特征**：落叶灌木或小乔木，圆球形树冠，高3～7米。花期4月，先叶开花（见彩图）。

◆**习性**：喜光照，有一定的耐寒性。喜肥沃、排水良好的土壤，不耐淹。萌蘖性强，耐修剪。

◆**分布**：全国广泛分布。

◆**园林用途**：孤植或丛植于庭院、建筑物前及草坪边缘，还可在宅旁、路边种植，亦可列植作花径。

◆**整形修剪**：紫荆除作灌丛状种植外，也可作小乔木整形（图3-92），一般作灌丛状种植的紫荆观赏寿命只有10～15年，而按小乔木整形，树龄可达三四十年。

对紫荆小乔木整形后应注意每年夏季对新生侧枝摘心，防止树冠中空，同时增加2年生枝条量，增大来年的花量。紫荆是在2～3年生以上的老枝上开花，因此要谨慎修剪老枝。

夏季修剪主要是摘心剪梢，及时剪掉残花；冬季修剪主要是适度疏剪枯萎枝、拥挤枝和无用枝等。

单干形整形：幼苗期选留一根粗枝，其余疏剪；定干后，选留3～5个主枝短截，选留外侧芽

丛生形整形：幼苗期选留3～5根粗枝加以修剪，可形成干净美观的株形

图3-92　紫荆的整形修剪

五、连翘

◆**特征**：中国原产，蔓性落叶灌木，高1～3米，基部丛生，枝条拱形下垂，花期3～4月，先叶开花（见彩图）。

◆**习性**：喜光，耐阴，耐寒，对土壤要求不严，喜钙质土壤。耐干旱和瘠薄，怕涝，病虫害少。

◆**分布**：全国广泛分布。

◆**园林用途**：适宜丛植于草坪、岩石假山下、路边或转角处，或作绿篱使用。

◆**整形修剪**：连翘整形修剪见图3-93～图3-95。

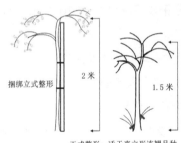

捆绑立式整形

2米

1.5米

干式整形：适于直立形连翘品种

丛式整形：把老枝从基部剪除，伸长的枝条于花后长出叶芽后短截

图3-93 连翘的整形方式

花后将二年生枝条留2～3节后剪掉，新枝伸长并着生花芽

图3-94 连翘枝条的修剪

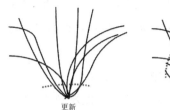
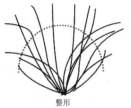

更新　　　　　　　　　整形

连翘灌木丛的整形修剪：冬季或早春修剪时对当年生枝条短剪，促
生二生枝条，同时整形成圆球形；每4～5年对灌木丛更新一次，
于花后把所有枝条从地表剪除，使枝更新

图 3-95　连翘的整形修剪

六、木槿

◆ **特　征**：落
叶灌木或小乔木，
株 高 3 ～ 6 米，
通常低分枝，植
株呈塔形（见彩
图）。花期 6 ～ 9
月，花朝开夕谢。

◆**习　性**：喜光，耐半阴。耐寒，在华北和西北大部分地区可露
地越冬，较耐瘠薄土壤，忌干旱，生长期需适时适量浇水，经常保
持土壤湿润。

◆**园林用途**：通常作为绿篱或公园树。

◆**分　布**：我国华北、东北和西北各城市栽培较广，是北方主要
花灌木之一。

◆**园林用途**：在园林或庭院中与连翘配植，孤植、丛植或列植
为花篱，景观极佳，也可盆栽或做切花。

◆**整形修剪**：木槿主要整形方式有以下几种。

（1）梅桩形　休眠期内短截为主，适当进行疏剪和回缩。

（2）有主干圆头形　花后短截，疏除过密枝、病虫枝等，于6月份定芽（图3-96）。

（3）丛干扁圆形　冬季回缩疏剪为主。

木槿幼树主要采取花后短截措施，可促发侧枝。壮龄树则应停止短截，多采取疏剪的方法疏掉过密的枝条。对于乔木形榆叶梅，可花后保留幼果，增加观赏性。否则应花后剪掉残花，疏掉幼果，以免影响来年的开花（图3-97）。

主干圆头形整形步骤

定干：高度约1米

选留方向、角度适宜的2～5个作为主枝，短截1/3左右，促发侧枝

选留角度方向适宜的侧枝，形成圆头形树冠

图3-96　木槿的整形

10～20厘米

夏季6月份定芽，有利于营养集中和通风透光。选留枝条上部3个左右健壮芽，抹掉其余芽，定芽不可拖延至7月份

开花后1～2周内进行花后修剪，截留10～20厘米长，保留4～10个健壮芽

图3-97　花枝的修剪

七、月季

◆**特征**：常绿或落叶灌木，花生于枝顶，常簇生（见彩图）。花期4～10月，春季开花最多。

◆**习性**：适应性强，耐寒耐旱，以富含有机质、排水良好的微带酸性沙壤土最好。喜日照充足、空气流通、排水良好而避风的环境，盛夏需适当遮阳。有连续开花的特性。

◆**分布**：遍及亚、欧两大洲，中国为月季的原产地之一。

◆**园林用途**：可布置园林花坛、花境、庭院，或配植。

◆**整形修剪**：月季主要修剪时期在冬季或早春，夏秋季进行摘蕾、剪梢、切花和除去残花等辅助性修剪工作（图3-98、图3-99）。

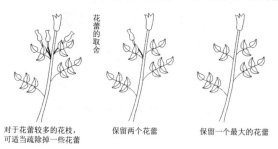

花蕾的取舍

对于花蕾较多的花枝，可适当疏除掉一些花蕾

保留两个花蕾

保留一个最大的花蕾

图3-98 月季的疏花

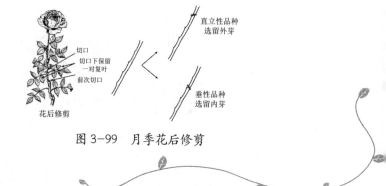

切口
切口下保留一对复叶
前次切口

花后修剪

直立性品种选留外芽

垂性品种选留内芽

图3-99 月季花后修剪

　　园林中月季主要有灌木形（图 3-100、图 3-101）、乔木形（图 3-102）和倒垂形等整形方式。

灌木状月季整形修剪

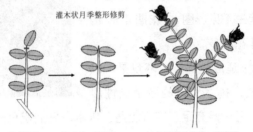

幼苗长到 4～6 片叶时，及时摘　　秋后剪去残花，注意应
心，使当年形成 2～3 个分枝　　保留尽可能多的叶片

图 3-100　　灌木形月季整形修剪

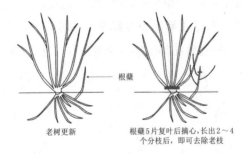

根蘖

老树更新　　　根蘖 5 片复叶后摘心，长出 2～4
个分枝后，即可去除老枝

图 3-101　　灌木形月季的更新

树形月季整形修剪

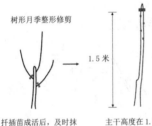

1.5 米

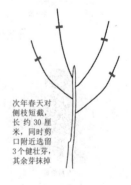

扦插苗成活后，及时抹　　　主干高度在 1.5 米以上　　次年春天对
芽修枝。只选择 1 个直　　　时定干，定干高度 1.5　　侧枝短截，
立向上、生长旺盛的枝　　　米，剪口附近选留 3～5　　长 约 30 厘
条做主干，促进主干直　　　个角度合适的健壮芽，　　米，同时剪
径和高度的快速增加　　　其余侧芽全部抹掉　　　口附近选留
　　　　　　　　　　　　　　　　　　　　　　　3 个健壮芽，
　　　　　　　　　　　　　　　　　　　　　　　其余芽抹掉

图 3-102

"3股9顶"形成树
状月季的头形树冠。
以后的修剪中对侧枝
不断摘心和疏剪，可
使树冠不断丰满，花
量增多

图3-102　乔木形月季的整形修剪

树形月季成型后应注意设立支架绑缚，防止头重脚轻而倒伏。

八、火棘

◆**特征**：侧枝短刺状，叶倒卵形（见
彩图）。花期3～4月；果成穗状，每
穗有果10～20个，橘红色至深红色，
9月底开始变红，一直可保持到春节（图
3-103），是一种极好的春季看花、冬
季观果植物。

图3-103　火棘的果实和花

◆**习性**：喜强光，耐贫瘠，耐干旱。黄河以南可露地种植，华
北需盆栽。

◆**分布**：分布于中国黄河以南及广大西南地区。

◆**园林用途**：园林中作绿篱及基础种植材料，也可丛植或孤植于园路转角处或草坪边缘处。

◆**整形修剪**：整形修剪可在3～4月、6～7月和9～10月分别进行，若冬季进行，容易剪掉花芽（图3-104）。在成年树上一般在3～4月强剪，以控制观赏树形。火棘适应性强，耐强修剪，易萌发，可采取多种整形方式（图3-105）。

整形时应注意采取轻剪措施，否则第二年不结果，但第三年结果数量会特别多。

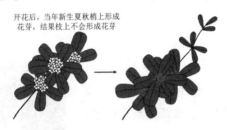

图3-104　火棘花芽形成特点

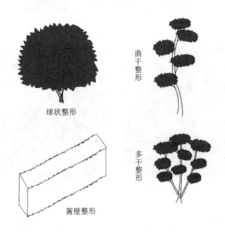

图3-105　火棘的整形方式

九、石榴

◆**特征**：落叶灌木或小乔木，在热带则变为常绿树（见彩图）。叶对生或簇生，呈长披针形至长圆形，或椭圆状披针形。

花两性，有钟状花和筒状花之别，花瓣倒卵形（图 3-106）。石榴花期 5 ~ 6 月，果期 9 ~ 10 月。

图 3-106　石榴的花芽

◆**习性**：喜光、喜温，有一定的耐寒能力，喜湿润肥沃的石灰质土壤，耐瘠薄干旱。

◆**分布**：全国各地都有栽培。

◆**园林用途**：石榴树姿优美，枝叶秀丽，初春嫩叶抽绿，盛夏繁花似锦，秋季累果悬挂，可孤植或丛植于庭院游园之角，对植于门庭之出处，列植于小道溪旁坡地建筑物之旁，也宜做成各种桩景和插花观赏。

◆**整形修剪**：石榴的树形多采用自然开心形（图 3-107）。干高 30 ~ 70 厘米。主干上着生 3 ~ 4 个主枝，主枝间角度为 120°，主枝与主干夹角 50° ~ 65°，每个主枝上培养 1 ~ 2 个大型侧枝。

图 3-107　石榴的自然开心形树形

石榴对整形要求不严，手法上多疏剪，很少短截。修剪按时期可分冬剪和夏剪，但以冬剪为主，原则是"上稀下密，外稀内密，大枝稀小枝密"，即"三稀三密"。石榴的混合芽均着生在健壮的短枝顶部，对这些短枝注意保留不要修剪。夏剪主要是抹芽和拉枝，同时注意疏花疏果。

十、迎春

◆**特征**：落叶灌木，株高2~3米。枝条细长、弯垂；幼枝绿色，四棱形。叶对生，三出复叶，小叶卵形至椭圆形。花单生，先叶开放，有清香，花冠黄色，高脚碟状（见彩图）。花期2~4月，通常不结果。

◆**习性**：喜光，稍耐阴，略耐寒，怕涝，在华北地区和鄢陵均可露地越冬，要求温暖而湿润的气候，喜疏松肥沃和排水良好的沙质土，在酸性土中生长旺盛，碱性土中生长不良。

◆**分布**：产于我国华东、华中、华北等地，各地均有广泛栽培。

◆**园林用途**：迎春枝条披垂，冬末至早春先花后叶，花色金黄，叶丛翠绿，园林中宜配置在湖边、溪畔、桥头、墙隅或在草坪、林缘、坡地。房周围也可栽植，可供早春观花。

◆**整形修剪**：萌芽、萌蘖力强，耐修剪、摘心，适合绑扎造型，如用铁丝、竹篾扎设一个造型架子，将其固定在架子上，即可创造出各种造型（图3-108）。

迎春花的花芽多在一年生枝条上分化，第二年早春开花，开过花的枝条以后就不再开花了。所以花后可疏剪去上一年的枝，使基部的腋芽萌发而抽生新枝，第二年开花。因为生长力较强，5月中旬，剪去强枝、杂乱枝，以集中养分供二次生长；6月剪去新梢，留枝的基部2～3节，以集中养分供花芽生长，7月花芽分化、开花。

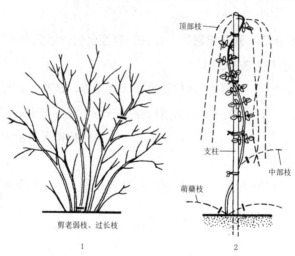

图 3-108　迎春的修剪

1—基本修剪；2—造型修剪

十一、紫叶小檗

◆**特征**：落叶灌木，高2～3米，枝在节部有刺。叶深紫色或红色，单叶互生或在短枝上簇生，菱形或倒卵形。花单生或 2～5 朵成短总状花序，黄色，下垂，花瓣边缘有红色纹晕（见彩图）。浆果红色。花期 5 月，果 9 月成熟。

◆**习性**：紫叶小檗的适应性强。喜阳，耐半阴，但在光线稍差或密度过大时部分叶片会返绿。耐旱性强，适生于肥沃、排水良好的土壤。耐寒，但 10℃以下要预防寒害，不畏炎热高温。萌蘖性强，耐修剪整形。

◆**分布**：原产于日本和中国东部，现全国各地都有引种栽培。

◆**园林用途**：适宜做观赏刺篱，也可作基础种植及岩石园种植材料。

◆**整形修剪**：幼苗定植后，应进行轻度修剪，以促发多生枝条，有利于成型（图 3-109）。

每年入冬至早春前，对植株进行适当修整。疏剪过密枝、徒长枝、病虫枝、过弱的枝条，保持枝条分布均匀成圆球形。花坛中群植的紫叶小檗，修剪时要使中心高些，边缘的植株顺势低一点，以增强花坛的立体感。

栽植过密的植株，3～5 年应重修剪 1 次，以达到更新复壮的目的。

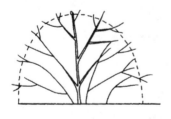

1

2

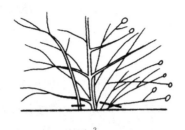

图 3-109　紫叶小檗的修剪

1—定植后生长期轻短截；　2—冬、春季重短截；　3—花后修剪

第五节　藤本树种

一、凌霄

◆**特征**：常绿藤本。叶对生，奇数羽状复叶，小叶 5~9 枚，卵形至披针形，全缘或有锯齿，光滑无毛，数花聚成圆锥花序，顶生，花冠漏斗状钟形，稍呈两唇状，花白色，喉部桃红色，花期夏、秋季（见彩图）。

◆**习性**：喜温暖、湿润气候，不耐寒，但耐轻霜，需保持通风，喜排水良好、疏松的沙壤土。

◆**分布**：分布于我国华北、华中、华南、华东和陕西等地。

◆**园林用途**：宜于居民住宅、机关、厂矿、医院和学校选作庭院攀缘绿化树种，尤宜用来营造凉棚、花架、绿化阳台和廊柱。

◆**整形修剪**：定植后修剪时，首先适当剪去顶部，促使地下萌发更多的新枝。选一健壮枝条作主蔓培养，剪去先端未死但已老化

的部分。疏剪掉一部分侧枝，以减少竞争，保证主蔓的优势。然后进行牵引使其附着在支柱上。主干上生出的主枝只留 2~3 个，其余的全部剪掉。

春季，新枝萌发前进行适当修剪，保留所需走向的枝条，剪去不需要方向的枝条，也可将不需要方向的枝条绑扎到需要的地方。

夏季，对辅养枝进行摘心，抑制其生长，促使主枝生长。第二年冬季修剪时，可在中心主干的壮芽上方处进行短截。从主干两侧选 2~3 个枝条作主枝，同样短截留壮芽，留部分其他枝条作为辅养枝。选留侧枝时，要注意留有一定距离，不留重叠枝条，以利于形成主次分明、均匀分布的枝干结构。

冬春，萌芽前进行 1 次修剪，理顺主、侧蔓，剪除过密枝、枯枝，使枝叶分布均匀，达到各个部位都能通风见光，有利于多开花（图 3-110）。

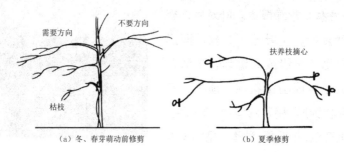

（a）冬、春芽萌动前修剪　　　　　　（b）夏季修剪

图 3-110　凌霄的修剪

二、紫藤

◆**特征**：落叶木质大藤本（见彩图）。树皮浅灰褐色，小枝淡褐色。叶痕灰色，稍凸出。奇数羽状复叶，小叶 7~13 枚，卵状披针形或卵形，

先端突尖，基部广楔形或圆形，全缘，幼时密生白色短柔毛，后渐脱落。4月开花，花蓝紫色，总状花序下垂，长15～30厘米，有芳香。荚果扁平，长条形，密生银灰色茸毛，内有种子1～5枚，9～10月果熟。

◆ **习性**：性喜光，略耐阴。耐干旱，忌水湿。生长迅速，寿命长，深根性，适应能力强。耐瘠薄，一般土壤均能生长，而以排水良好、深厚、肥沃疏松的土壤生长最好。萌蘖力强。

◆ **分布**：原产中国，辽宁、内蒙古、河北、河南、江西、山东、江苏、浙江、湖北、湖南、陕西、甘肃、四川、广东等地均有栽培。国外亦有栽培。

◆ **园林用途**：紫藤老干盘桓扭绕，宛若蛟龙，春天开花，形大色美，披垂下曳，最宜作棚架栽植。如作灌木状栽植于河边或假山旁，亦十分相宜。

◆ **整形修剪**：定植后，选留健壮枝作主藤干培养，剪去先端不成熟部分，剪口附近如有侧枝，剪去2～3个，以减少竞争，也便于将主干藤缠绕于支柱上。分批除去从根部发生的其他枝条。主干上的主枝，在中上部只留2～3枚芽作辅养枝。主干上除发生一强壮中心主枝外，还可以从其他枝上发生十余个新枝，辅养中心主枝。第二年冬，对架面上中心主枝短截至壮芽处，以期来年发出强健主枝，选留2个枝条作第二、第三主枝进行短截。全部疏去主干下部所留的辅养枝。以后每年冬季，剪去枯死枝、病虫枝、互相缠绕过分的重叠枝。一般小侧枝，留2～3枚芽短截，使架面枝条分布均匀（图3-111）。

放任树更新，冬季在架面上选留3～4个生长粗壮的骨干枝，进行短截或回缩修剪。再剪去其上的全部枝条，壮枝轻剪

长留，弱枝重剪短留，使新生枝条得以势力平衡而复壮。主枝上生的侧枝，除过于密集的适当疏剪几个外，一律重剪，留2～3枚芽。

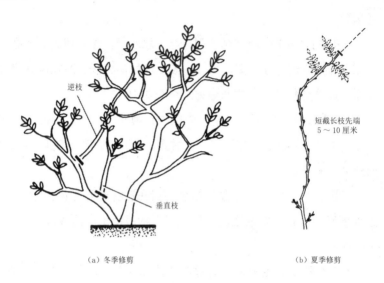

（a）冬季修剪　　　　　　　　　　　（b）夏季修剪

（c）花后修剪

图 3-111　紫藤的修剪

三、蔷薇

◆**特征**：落叶蔓性灌木,枝细长,不直立,多皮刺,无毛。小叶 5 ～ 9,倒卵形、椭圆形,锯齿锐尖,两面有短柔毛,叶轴与柄都有短柔毛或腺毛；托叶与叶轴基部合生,边缘齿状分裂,有腺毛。圆锥状伞房花序,花白色或微有红晕,单瓣,芳香,径 2 ～ 3 厘米,果球形,暗红色,径约 6 毫米（见彩图）。

◆**习性**：喜光,耐半阴。耐寒,对土壤要求不严,可在黏重土壤上正常生长。喜肥,耐瘠薄,耐旱,耐湿。萌蘖性强,耐修剪,抗污染。

◆**分布**：产于我国黄河流域及以南地区的低山丘陵、溪边、林缘及灌木丛中,现全国普遍栽培,朝鲜、日本也有分布。

◆**园林用途**：蔷薇繁华洁白,芳香,树性强健,可用于垂直绿化,布置花墙、花门、花廊、花架、花柱,点缀斜坡、水池坡岸,装饰建筑物墙面或植花篱。蔷薇是嫁接月季的砧木。

◆**整形修剪**：以冬季修剪为主,宜在完全停止生长后进行,不宜太早,过早修剪容易萌生新枝而遭受冻害。修剪时首先将过密枝、干枯枝、徒长枝、病虫枝从茎部剪掉,控制主蔓枝数量,使植株通风透光。主枝和侧枝修剪应注意留外侧芽,使其向左右生长。修剪当年生的未木质化新枝梢,保留木质化枝条上的壮芽,以便抽生新枝。

夏季修剪,作为冬剪的补充,应在 6 ～ 7 月进行,将春季长出的位置不当的枝条,从茎部剪除或改变其生长伸长的方

向，短截花枝并适当长留生长枝条，以增加翌年的开花量（图3-112）。

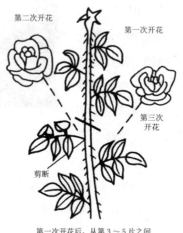

第二次开花

第一次开花

第三次开花

剪断

第一次开花后，从第 3～5 片之间
剪断花枝，促进植株第二次开花

图 3-112　蔷薇花枝修剪

四、葡萄

◆**特征**：落叶藤木，茎长达 30 米。单叶掌状对生，圆锥形花序，果实为浆果，颜色及大小因品种而异，8～9月成熟（见彩图）。

◆**习性**：喜光喜干燥，不耐阴，不耐干旱，较耐寒。对土壤适应性很强，除黏重土、重盐碱土、沼泽地不宜外，其他各类土壤均可栽培葡萄。

◆**分布**：在我国长江流域以北各地均有产，主要产于新疆、甘肃、山西、河北、山东等地。

◆**园林用途**：园林中可布置花架、长廊，也可做盆景。

◆**整形修剪**：葡萄的整枝形式非常丰富，根据树体形状（图 3-113）可分为三大类：单干形（图3-114）、多干形及独干形。

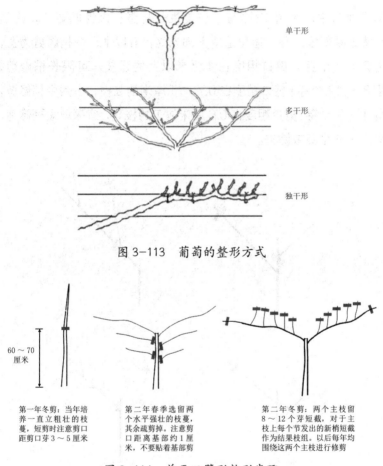

图 3-113　葡萄的整形方式

第一年冬剪：当年培养一直立粗壮的枝蔓，短剪时注意剪口距剪口芽3～5厘米

第二年春季选留两个水平强壮的枝蔓，其余疏剪掉。注意剪口距离基部约1厘米，不要贴着基部剪

第二年冬剪：两个主枝留8～12个芽短截，对于主枝上每个节发出的新梢短截作为结果枝组。以后每年均围绕这两个主枝进行修剪

图 3-114　单干双臂形整形步骤

葡萄修剪分为冬剪和夏剪两个时期。冬剪在秋季落叶后土壤封冻前进行，按50～60厘米的间距选出主、侧蔓，将密生蔓、病虫蔓及不成熟蔓、交叉重叠枝蔓全部剪除。凡枝蔓过长的都要

回缩修剪，使主、侧蔓均匀分布在架面上。结果母蔓的修剪，依其优势芽的位置、生长势以及枝蔓的粗细而有所区别，并及时进行更新（图 3-115）。枝蔓生长势不强、极性不明显的，以中、长梢修剪为主，可留 12 个芽；枝蔓生长势强、极性明显的，为了不使结果部位上移，避免造成下部光秃，宜以中、短梢修剪为主，留 2 ～ 7 个芽。剪口粗度在 1 厘米以上的强枝，可限长梢修剪，留 8 ～ 12 个芽；剪口粗度在 0.7 ～ 1 厘米的壮枝，多用中梢修剪，留 4 ～ 7 个芽；剪口粗度在 0.6 厘米以下的枝蔓，宜采取短梢修剪，留 2 ～ 4 个芽或除去。

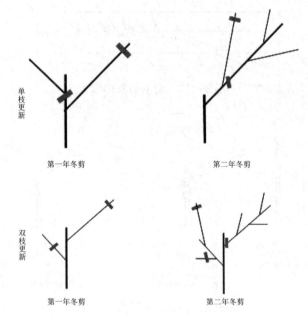

图 3-115 葡萄结果枝的更新

夏剪在芽开始膨大至展叶时进行，主要工作是定芽、抹芽（每节保留一个壮芽，其余抹掉）（图 3-116），当年新梢展开 34 片叶后，疏剪部分生长不良枝条。葡萄开花结果期间，适时进行适度的疏花疏果，疏花时间在盛花期下午 3 时后进行，首先疏去发育不全的副穗和 1/4 的主花序，再疏去晚开花和过密的花；疏果时间应在开花后 2～3 周进行，疏去授精不良、发育较小、生长畸形的果粒，同时对排列过密的果穗也应适当疏去（图 3-117、图 3-118 ）。

图 3-116　葡萄花芽（左）和结果枝（右）

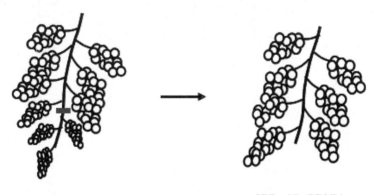

摘果：疏掉一部分小果，有利于集中营养提高果实质量

成熟前，对于一穗果中的小果实疏掉，留下大的果粒

图 3-117　葡萄摘果

疏果前

疏果后

图 3-118　葡萄疏果

参考文献

[1] 青木司光. 观赏树木栽培图解. 高东昌译. 沈阳：辽宁科学技术出版社，2001.

[2] 青木司光. 观赏树木整形修剪图解. 高东昌译. 沈阳：辽宁科学技术出版社，2001.

[3] 张德兰. 园林植物栽培学. 北京：中国林业出版社，1991.

[4] 张秀英. 园林树木栽培养护学. 北京：高等教育出版社，2006.

[5] 毛龙生. 观赏树木栽培大全. 北京：中国农业出版社，2002.

[6] 邹长松. 观赏树木修剪技术. 北京：中国林业出版社，1988.

[7] 陈有民. 园林树木学. 北京：中国林业出版社，1990.

[8] 船越亮二. 花木、厅木的整枝、剪枝. 唐文军译. 长沙：湖南科学技术出版社，2002.

[9] 小黑晃. 花木栽培与造型图解. 段传德译. 郑州：河南科学技术出版社，2002.

[10] 张养忠等. 园林树木与栽培养护. 北京：化学工业出版社，2006.

[11] 祝遵凌等. 园林树木栽培养护. 北京：中国林业出版社，2005.

[12] 莱威斯·黑尔. 花卉及观赏花木简明修剪法. 姬君兆 等译. 石家庄：河北科学技术出版社，1987.

[13] 胡长龙. 观赏花木整形修剪图说. 上海：上海科学技 术出版社，1996.

欢迎订阅农业类图书

书号	书名	定价/元
18211	苗木栽培技术丛书——樱花栽培管理与病虫害防治	15.0
18194	苗木栽培技术丛书——杨树丰产栽培与病虫害防治	18.0
15650	苗木栽培技术丛书——银杏丰产栽培与病虫害防治	18.0
15651	苗木栽培技术丛书——树莓蓝莓丰产栽培与病虫害防治	18.0
18188	作物栽培技术丛书——优质抗病烤烟栽培技术	19.8
17494	作物栽培技术丛书——水稻良种选择与丰产栽培技术	19.8
17426	作物栽培技术丛书——玉米良种选择与丰产栽培技术	23.0
16787	作物栽培技术丛书——种桑养蚕高效生产及病虫害防治技术	23.0
16973	A级绿色食品——花生标准化生产田间操作手册	21.0
18095	现代蔬菜病虫害防治丛书——茄果类蔬菜病虫害诊治原色图鉴	59.0
17973	现代蔬菜病虫害防治丛书——西瓜甜瓜病虫害诊治原色图鉴	39.0
17964	现代蔬菜病虫害防治丛书——瓜类蔬菜病虫害诊治原色图鉴	59.0
17951	现代蔬菜病虫害防治丛书——菜用玉米菜用花生病虫害及菜田杂草诊治图鉴	39.0
17912	现代蔬菜病虫害防治丛书——葱姜蒜薯芋类蔬菜病虫害诊治原色图鉴	39.0
17896	现代蔬菜病虫害防治丛书——多年生蔬菜、水生蔬菜病虫害诊治原色图鉴	39.8
17789	现代蔬菜病虫害防治丛书——绿叶类蔬菜病虫害诊治原色图鉴	39.9
17691	现代蔬菜病虫害防治丛书——十字花科蔬菜和根菜类蔬菜病虫害诊治原色图鉴	39.9
17445	现代蔬菜病虫害防治丛书——豆类蔬菜病虫害诊治原色图鉴	39.0
16916	中国现代果树病虫原色图鉴（全彩大全版）	298.0
16833	设施园艺实用技术丛书——设施蔬菜生产技术	39.0
16132	设施园艺实用技术丛书——园艺设施建造技术	29.0
16157	设施园艺实用技术丛书——设施育苗技术	39.0
16127	设施园艺实用技术丛书——设施果树生产技术	29.0
09334	水果栽培技术丛书——枣树无公害丰产栽培技术	16.8
14203	水果栽培技术丛书——苹果优质丰产栽培技术	18.0
09937	水果栽培技术丛书——梨无公害高产栽培技术	18
10011	水果栽培技术丛书——草莓无公害高产栽培技术	16.8
10902	水果栽培技术丛书——杏李无公害高产栽培技术	16.8
12279	杏李优质高效栽培掌中宝	18
22055	200种花卉繁育与养护	39.0

如需以上图书的内容简介、详细目录以及更多的科技图书信息，请登录 www.cip.com.cn。

邮购地址：（100011）北京市东城区青年湖南街13号 化学工业出版社

服务电话：010-64518888，64519683（销售中心）；如要出版新著，请与编辑联系：010-64519351